华北赋煤区南部济源煤田下冶区
沉积环境分析及野外工作方法研究

石建平　著

U0253310

黄河水利出版社

·郑州·

内 容 提 要

　　本书在大量的钻探资料以及野外实测地质剖面、分析研究的基础上，综合研究岩性岩相、沉积标志、古生物化石及痕迹化石等，对济源下冶区太原组和山西组的沉积环境、聚煤规律、找煤前景以及中条古陆对本区聚煤规律的影响等重要地质问题进行了较详细的分析研究和论述，取得了较好的地质效果。本书附有研究区4201钻孔单孔地质总结、下冶官洗沟和邵源瑶头的详细的实测地层剖面。可供地质工作者及其他相关人员阅读参考。

图书在版编目（CIP）数据

华北赋煤区南部济源煤田下冶区沉积环境分析及野外工作
方法研究/石建平著. —郑州：黄河水利出版社，2008.9
　　ISBN 978-7-80734-505-3

　　Ⅰ.华…　　Ⅱ.石…　　Ⅲ.煤田地质-沉积环境-研究-济源市
Ⅳ.P618.11

中国版本图书馆CIP数据核字（2008）第148224号

　　　组稿编辑：简 群　　电话：0371-66023343　　E-mail：w_jq001@163.com

出 版 社：黄河水利出版社
　　　　　地址：河南省郑州市金水路11号　　邮政编码：450003
发行单位：黄河水利出版社
　　　　　发行部电话及传真：0371-66026940、66020550、66028024、66022620（传真）
　　　　　E-mail：hhslcbs@126.com
承印单位：郑州创维彩印制作有限公司
开本：889mm×1 194mm　1/16
印张：5.5
字数：150千字　　　　　　　　　　　　　　　印数：1—1 000
版次：2008年9月第1版　　　　　　　　　　印次：2008年9月第1次印刷

　　　　　　　　　　　　　　　　　　　　　　　　　　　　定价：88.00元

前　言

　　济源煤田含煤面积千余平方公里，自20世纪50年代以来，由于受地质条件复杂等因素影响，找煤工作几经反复，一直是河南地质工作者十分关注的问题之一。虽然有不少地质单位进行了工作，并施工了少量钻孔，但对含煤区的煤层情况及聚煤规律、煤系地层的沉积环境、古地理环境等基础地质问题均未涉及。因此，济源煤田基本属于河南煤产地地质研究程度最低的含煤区。该区煤层发育情况如何，有无进一步研究价值等问题，引起了煤田地质工作者的关注。

　　河南省济源煤田下冶找煤区位于河南省西部，济源市下冶乡~大峪乡境内，东西长约20km，南北宽约7.5km，面积150km²。东距济源市约45km，西距山西省界约20km，北靠太行山~王屋山，南依黄河，属低山丘陵区，北高南低。区内交通较为便利。

　　本书在大量的钻探资料，以及野外地质剖面实测、分析研究的基础上，综合研究岩性岩相、沉积标志、古生物化石及痕迹化石等，对济源下冶区太原组和山西组的沉积环境、聚煤规律、找煤前景以及中条古陆对本区聚煤规律的影响等重要地质问题进行了较详细的分析研究和论述，取得了较好的地质效果。

　　（1）采集鉴定岩矿样本350余块，沉积标志标本90余块，古生物化石30余块，痕迹化石标本20余块，完成钻探岩芯及野外露头彩色照片600余张，绘制相关分析图件37张。

　　（2）分析研究认为，下冶找煤区太原组沉积环境为陆表海浅海相和堡岛体系交互的沉积体系；山西组为高建设性的河控三角洲沉积体系，同时在很大程度上受中条古陆的影响和制约。

　　（3）找煤区二₁煤层不发育，不可采。其主要原因是沉积无煤，而不是由单独的后期冲刷造成的。二₃、二₄煤层本区仅局部较发育，大面积不可采，厚煤带主要呈带状、片状和枝状分布于找煤区的南部和北部。煤层不发育的主要原因是受分流河道的频繁迁移、决口和后期改造影响。一₂煤层虽然全区发育，层位较稳定，但厚度小，煤层具有分叉合并现象，大面积不可采。其主要原因是受区域性大面积海侵影响，加之成煤时间短等。

　　（4）经过对找煤区地质条件的深入研究，为上级主管部门领导决策和修改设计等，提供了大量第一手资料和较可靠的分析研究成果，由原设计18孔、13870m的钻探工作量减少到11孔、7574.60m，为国家节约了7孔、6295.40m钻探工程量，节约资金共计132.20万元。此外，还节约了大量人力物力和其他方面的费用，取得了明显的经济效益。

　　刘德元、郭双庆、董来启参与了本书第一章的分析图件的绘制和野外工作，孙锦屏、刘传喜、徐连利参与了书稿的部分编排工作；魏怀习参与了野外及书稿的整理工作，并提出了较好的建议。另外，在本书撰写过程中参考了很多文献资料，得到了专家的帮助和指导，在此一并表示衷心感谢！

石建平

2008年7月

目　录

───────────

　　※　封面和封底照片为太原组胡石砂岩与奥陶系灰岩直接接触。

概　况

　　济源煤田含煤面积千余平方公里，自20世纪50年代以来，由于受地质条件复杂等因素影响，找煤工作几经反复，一直是河南地质工作者十分关注的问题之一。虽然有不少地质单位进行了工作，并施工了少量钻孔，但对含煤区的煤层情况及聚煤规律、煤系地层的沉积环境、古地理环境等基础地质问题均未涉及，因此济源煤田基本属于河南煤产地地质研究程度最低的含煤区。该区煤层发育情况如何，有无进一步的研究价值等问题，引起了煤田地质工作者的关注。

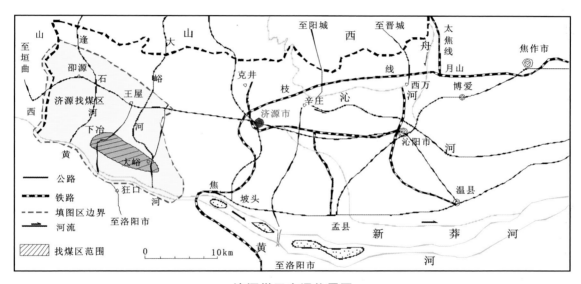

济源煤田交通位置图

第一章　区域地质特征

第一节　构造特征

  济源煤田下冶找煤区位于北纬35°构造带附近，华北板块南部（图1–1）。从区域资料分析，河南省南部以北西向断裂为主，中部以东西向断裂为主，北部则以北北东向断裂为主（图1–1）。本区北部为封门口断裂，南部为马屯~石井断裂，东部为孟津断裂，西部延伸至山西省境内。找煤区位于该断块的中部，取名为下冶断块。由于本区处于区域性东西向断裂带控制之下，其表现特征与区域构造线的展布方向一致，以近东西向断层为主（图1–2）。从断层结构面观测，均为高角度正断层，以张性结构面为主，兼有张扭性质。由于本区构造发育，断层落差大，因此济源下冶找煤区的含煤岩系整体抬升。南部和西部大面积出露地表，煤系地层埋藏深度变浅，为研究构造规律、控煤作用以及含煤岩系的沉积环境分析提供了大量的直观依据。

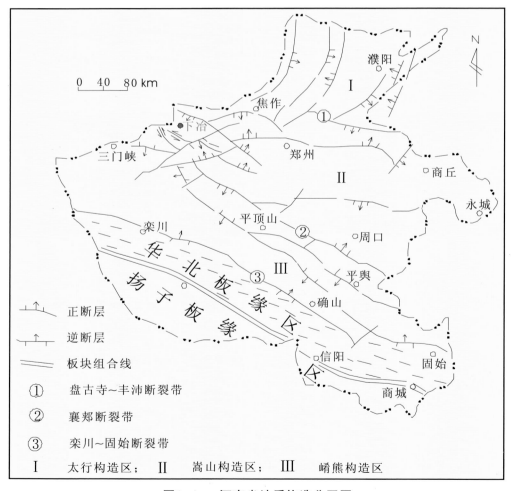

图1–1　河南省地质构造分区图

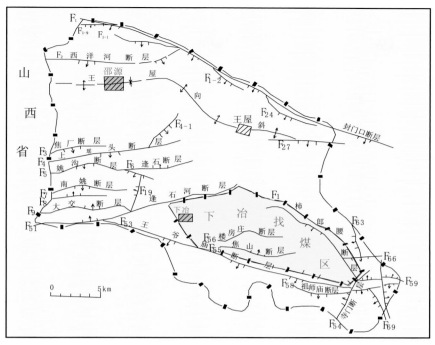

图1-2　济源找煤区构造纲要图

第二节　地层变化规律

经对比分析可知，本区太原组和山西组地层的厚度、岩性、岩相特征，尤其是二,煤层的聚煤规律，与东部相邻的济源克井矿区、焦作、鹤壁和安阳煤田，以及北部山西阳城煤田等，均具有明显的差异；而与新安狂口、渑池仁村、三门峡观音堂一带基本类似，即同属中条古陆的边缘地带（图1-3）。

（1）晚石炭世晚期（太原组），由于西北部中条古陆的控制作用，在区域上表现了西高东低的古地形特征。太原组地层沉积厚度由西向东增厚（图1-4），海侵来自南东方向。

（2）太原组灰岩的层数及厚度由西向东明显增多和增厚；而本区灰岩层数少，厚度小，空间展布也不稳定，个别孔仅含一层灰岩，其岩性、岩相等特征变化大，与东部具有明显的差异。

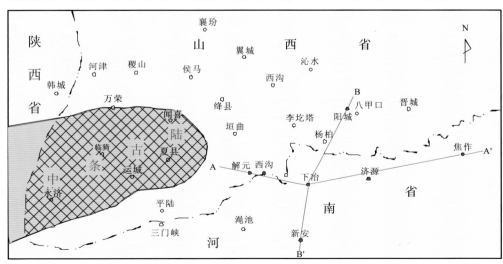

图1-3　晚石炭世中条古陆位置示意图

·3·

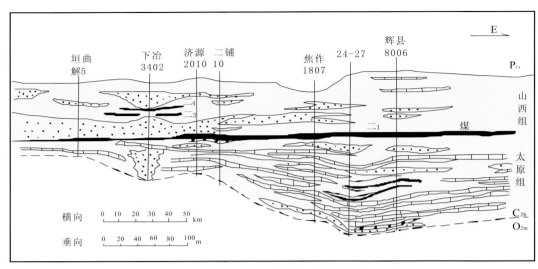

图1-4　A－A'剖面沉积断面图

（3）南部新安煤田和北部山西阳城煤田，太原组地层发育较全（图1-5），岩性、岩相变化不大，下部灰岩段、中部砂泥段和上部灰岩段的三分特征明显；而本区三分性不甚明显，以碎屑岩为主，局部还缺失下部灰岩段（见封面图）。

（4）早二叠世早期（山西组）是在晚石炭世晚期（太原组）陆表海基础上发展起来的高建设性河控三角洲沉积体系。通过区域地层对比可知，山西组厚度变化较大，粗碎屑岩比率明显高于东部南部和北部邻区。

（5）二$_1$煤层在邻区均发育，如北部山西阳城，东部克井、焦作煤田等，二$_1$煤层厚度大且稳定。南部新安~渑池~三门峡一带，二$_1$煤层虽然厚度变化较大，但层位稳定，普遍发育。然而，本区以及西部山西垣曲一带，二$_1$煤层不发育，仅局部零星发育，甚至大面积缺失二$_1$煤层位。

（6）本区二$_3$、二$_1$煤层呈片状、带状分布于找煤区浅部和深部，形成于分流河道两侧的低洼地带。

（7）此外，岩石的成分、粒度、沉积构造、古流向等区域变化规律，也不同程度地反映了本区邻近古陆边缘地带的沉积特征。

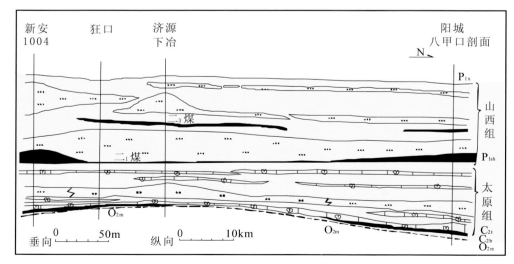

图1-5　B－B'剖面沉积断面图

第三节 二₁煤层区域聚集规律

济源煤田下冶找煤区处于华北晚古生代聚煤盆地南带,位于河南省西北部,靠近中条古陆的边缘地带。中条古陆为本区的主要物源区。海侵来自南东方向。以下仅就二₁煤层成煤前、聚煤期以及成煤后的岩相古地理特征,来探讨本区与邻区在成煤作用上所存在的差异。

一、二₁煤层成煤前

从大量的区域资料分析,本区南部和北部含煤区,二₁煤层基底普遍发育一层较厚的三角洲沉积组合(图1-6),并且厚度较大,稳定,一般在30m左右。而本区则夹持于南北两大三角洲体系之间,处于古地形较低、较稳定、较封闭的泻湖~海湾潮坪沉积环境,无大量的物质供应,其沉积厚度仅5m左右。此外,从沉积相组合对比上看(图1-7),两者相差悬殊。本区既无河控三角洲相组合,又无潮控三角洲相组合,形成了本区的泻湖潮坪相组合。前者为泥炭沼泽的形成和发展打下了良好基础,而本区则恰恰相反,可谓"先天不足"。

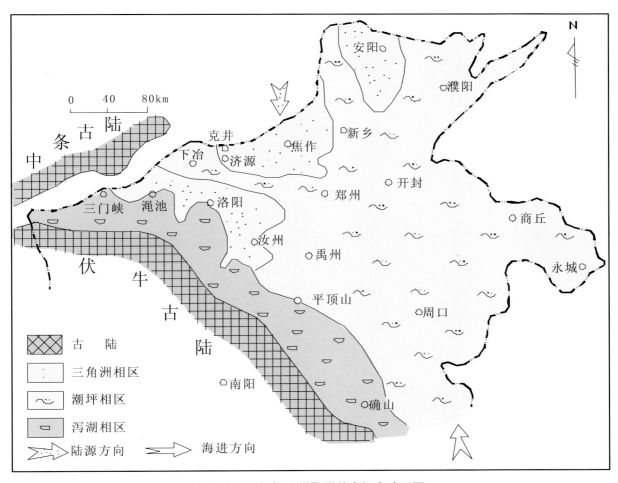

图1-6 河南省二₁煤聚煤前岩相古地理图

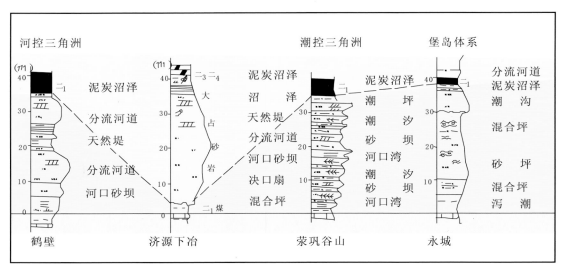

图1-7 二₁煤沉积序列对比图

二、二₁煤层聚煤期

晚石炭世晚期，本区南北两邻区所形成的三角洲沉积体系，随着海水渐向南东方向撤退，大面积暴露地表，为泥炭沼泽的形成和发展创造了良好的古地理环境（图1-8）。由于三角洲朵体上的分流河道等影响，造成局部地段煤相发生变异。但是，总体上仍处于较稳定的泥炭沼泽发展阶段，形成了大面积、厚度较大且稳定的二₁煤泥炭沼泽。在此期间，由于本区处于南北两三角洲之间的海湾地带，加之所造成的古地形高差，因此本区仍处于地形低洼、受海水影响较大的泻湖~海湾环境，并受潮汐作用的控制。所以，本区无大面积的沼泽发育，仅局部沿海岸线潮上带上形成小面积带状分布的泥炭沼泽，其厚度小、不稳定。此外，泥炭沼泽形成和延续时间短也是一个重要因素。

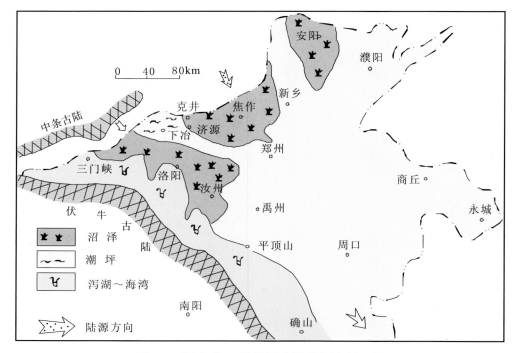

图1-8 河南省二₁煤层形成期岩相古地理图

三、二₁煤层成煤后的岩相古地理特征

区域资料表明，泥炭沼泽形成后期，有一次来自南东方向的较大海侵，从而结束了区域性的泥炭沼泽发育。其上沉积了一套较厚的、含海相动物化石的灰黑色泥岩（图1-9）。对泥炭沼泽的后期保存起到了决定性作用。这次海侵也为之后的三角洲的进积提供了受水盆地。由于该盆地水浅，三角洲分流河道的下蚀作用较强，能使三角洲前缘相和前三角洲相沉积物被冲蚀掉，甚至冲刷了二₁煤层，使之变薄或缺失。

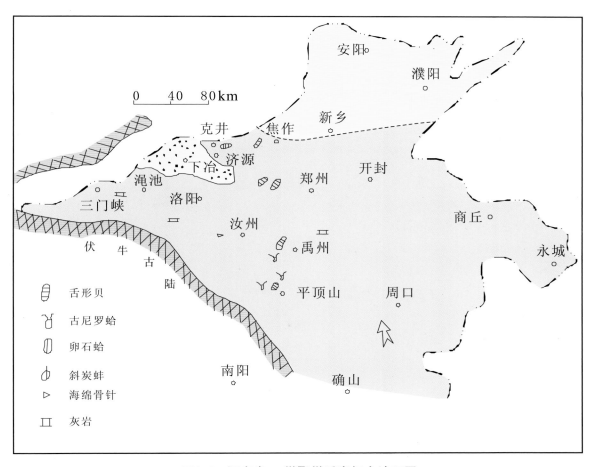

图1-9 河南省二₁煤聚煤后岩相古地理图

综上所述，本区二₁煤层形成基底、聚煤期以及成煤后的岩相古地理特征，均与相邻矿区的成煤环境有着明显的差异。这些差异也正是本区二₁煤层不发育的主要原因。

第二章 太原组、山西组地层沉积特征

第一节 太原组地层沉积特征

太原组地层底界为一₂煤层（或一₁煤层）底，顶界为菱铁质泥岩（相当于L₉灰岩）顶，上覆地层为山西组。下覆地层为本溪组。本区太原组厚30.91～54.91m，一般40m左右。与上下地层均为整合接触。但是，由于局部缺失本溪组地层和太原组下部灰岩含煤段（下冶3402孔、5801孔一带），因此其直接与下伏奥陶系（O₂ₘ）呈假整合和冲刷接触。太原组地层厚度在横向上厚薄相间，沉积走向NE向（图2-1），其地层的厚度变化与粗碎屑岩厚度呈正相关关系，即砂岩比率高，则地层厚度大，反之亦然。据太原组地层的岩性组合特征，可分为三段（图2-2），简述如下。

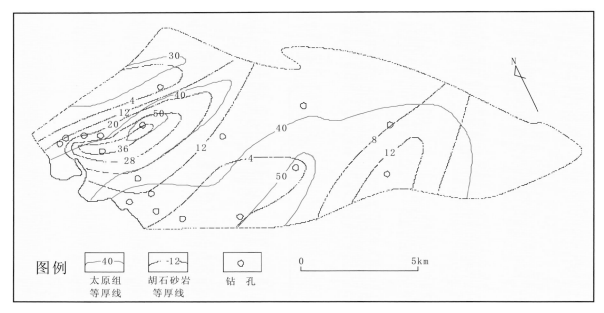

图2-1 太原组地层及胡石砂岩等厚线图

一、下部灰岩段

本段厚0～11.65m，一般在7m左右。含石灰岩0～4层（L₁、L₂、L₃、L₄）。灰岩之间夹薄煤及黑灰色泥岩。其中L₁、L₂、L₄灰岩厚度不稳定，呈透镜状。一₂煤层赋存于本段下部或底部，局部可采。灰岩总厚0～9.11m，一般5m左右。主要以L₂灰岩为主，最厚可达3m左右，含大量蜓、腕足、珊瑚、牙形刺、海百合茎、苔藓虫化石等生物碎屑。排列杂乱无章，个体大小不一，风暴作用形成的丘状层理较发育，并含有大量Zoophycos痕迹化石。

二、中部砂泥岩段

本段厚0.80～39.80m，主要分布于下冶3402孔及5801孔一带，呈NEE向展布（图2-1）。岩性主要由成熟度较高的石英砂岩组成，具大型板状交错层理，冲洗交错层理。与下伏地层呈明显接触，局部与奥

陶系灰岩呈冲刷接触（图2-3），而缺失下部灰岩段及本溪组地层。此外，在砂岩的中部可见大型的"U"型冲刷面（见封面图）。

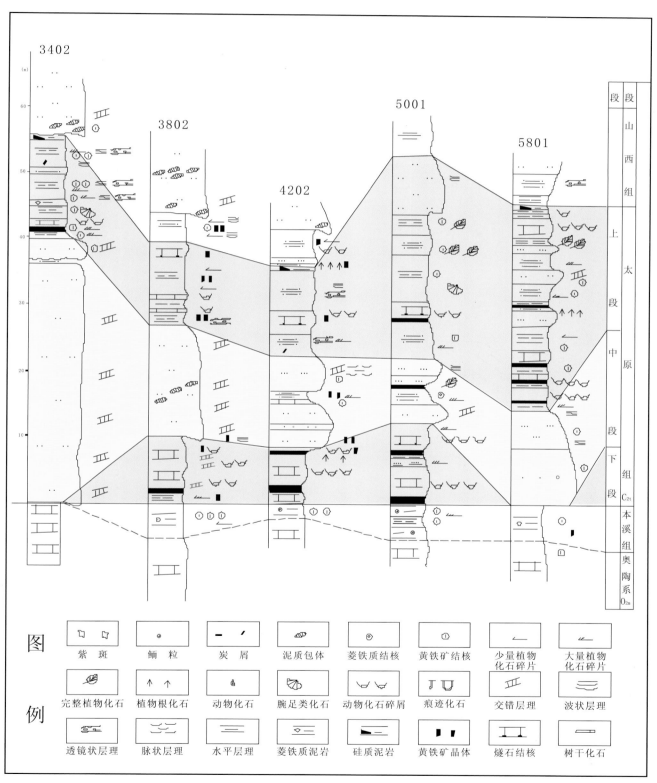

图2-2　太原组煤岩层对比图

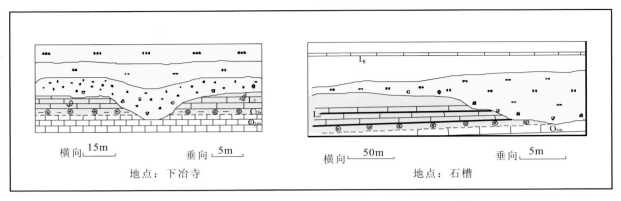

图2-3　太原组中部胡石砂岩与下部灰岩段呈冲刷接触

三、上部灰岩段

本段地层的岩性及厚度较中、下段稳定，其厚度为10.80～31.00m，一般为22m左右。含灰岩1～2层。L_9灰岩较为稳定，顶部L_9灰岩常相变为薄层菱铁质泥岩，较稳定，夹有薄煤，不可采。本段主要以深灰色泥岩、砂质泥岩为主。中下部富集大量的腕足类化石。可见波状、透镜状层理。含较多的黄铁矿结核及晶体。局部含较多植物化石碎片。

综上所述，本区太原组地层与相邻含煤区地层基本类似。但是，由于本区处于中条古陆的边缘地带，并受其影响，沉积特征主要表现在以下5个方面：①太原组地层厚度小，岩性、岩相在纵横向上变化大，甚至相邻钻孔也难以对比。②局部地层三分性不明显，冲刷缺失下部灰岩含煤段及本溪组地层。③灰岩层数少，厚度小，变化悬殊。除L_2灰岩较稳定，其他灰岩均呈透镜体产出，甚至个别孔仅含一层灰岩。④中部碎屑岩厚度大且变化悬殊，甚至相邻钻孔的砂岩厚度发生突变（图2-3）。⑤除了一$_2$煤层局部可采，层位较稳定，其他煤层均不发育，不稳定，不可采。

第二节　山西组地层沉积特征

山西组地层下起L_9灰岩顶，上止砂锅窑砂岩底，为整合接触。厚65.29～90.53m，一般85m左右，厚度变化不大。据岩性组合特征自下而上可分为四段（图2-4）。

一、二$_1$煤段

赋存于山西组底部（图2-4）。厚5m左右，厚度变化不大。局部受分流河道冲刷缺失该段地层(3402等孔)。底部为深灰色泥岩、砂质泥岩，含较多黄铁矿结核，见海豆芽动物化石。与下部L_9灰岩明显接触。上部以砂质泥岩为主，夹细、粉砂岩薄层，呈互层状，透镜状、波状层理发育（俗称条带状砂岩），二$_1$煤层赋存于本段顶部，仅在找煤区西部零星分布，不稳定，不可采。

二、大占砂岩段

上起香炭砂岩底，下止大占砂岩底，厚6.22～35.50m（图2-4）。其展布形态呈条带状和树枝状（图2-5），据岩性特征可分为下大占和上大占砂岩。下大占砂岩以灰色中～细粒长石石英杂砂岩为主，逆粒序，视电阻率曲线呈倒松塔型。含大量泥岩包体（图2-5）、黄铁矿结核、白云母碎片、煤包体等。以均匀层理及板状交错层理为主。上大占砂岩为正粒序，视电阻率曲线呈正松塔型。砂体多具冲刷面，大型板状及槽状交错层理发育。本段顶部赋存二₃、二₄煤层，其厚度变化大，不稳定，不可采。呈带状分布于找煤区浅部和深部。与大占砂岩厚度呈负相关关系。

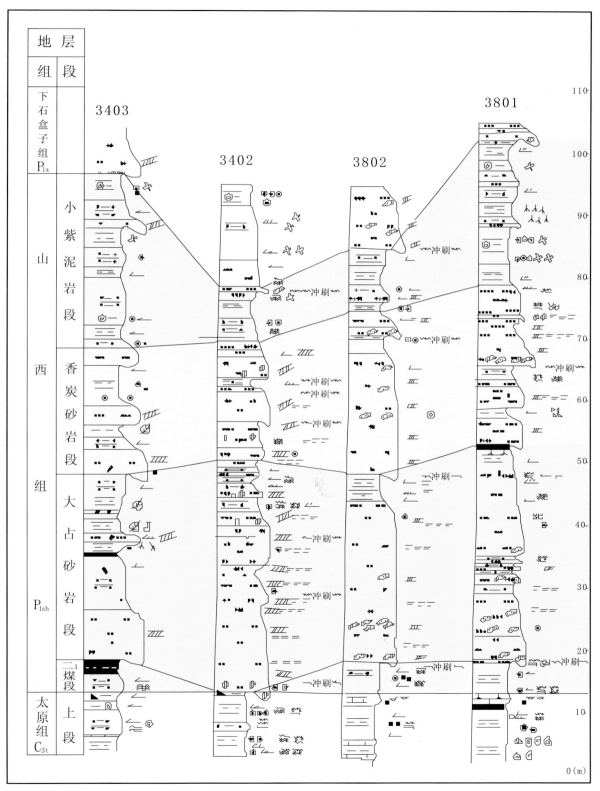

图2-4　山西组垂向沉积层序图

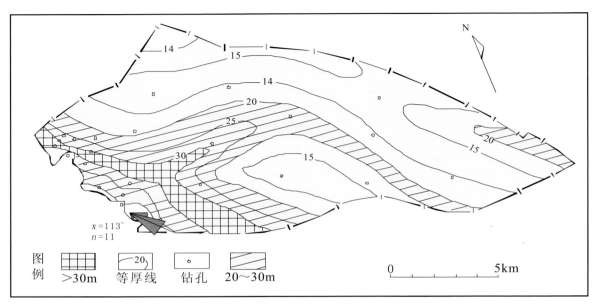

图例 ▦ >30m ⌒20⌒ 等厚线 ☐ 钻孔 ▨ 20～30m 0 ━━━━ 5km

图2-5　山西组大占砂岩等厚线图

三、香炭砂岩段

本段主要由砂岩组成，夹砂质泥岩薄层，厚8.55～33.00m，呈条带状、树枝状展布于找煤区中部（图2-6）。岩性以灰色中～细粒岩屑长石石英杂砂岩为主，正粒序，底部含石英砾和泥岩包体，呈冲刷接触。板状及槽状交错层理发育。视电阻率曲线呈正松塔型和箱型，底界陡直。

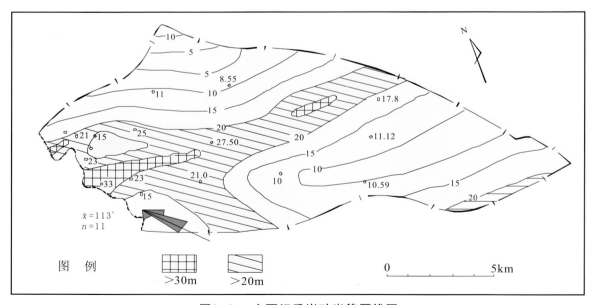

图　例　▦ >30m　▨ >20m　0 ━━━━ 5km

图2-6　山西组香炭砂岩等厚线图

四、小紫泥岩段

位于本组上部，厚度变化较大，0～30余米，本段厚度主要受下部香炭砂岩厚度的影响，香炭砂岩薄，小紫泥岩段则厚，反之则薄。局部缺失小紫泥岩段。即香炭砂岩和砂锅窑砂岩直接接触（5802孔）。岩性特征为：灰～浅灰色泥岩、砂质泥岩，含大量小紫斑及菱铁质小鲕粒。局部偶见植物化石碎片。

综上所述，山西组地层的沉积特征可归纳为以下几点，并且反映了本区位于中条古陆边缘地带的沉积特征。

（1）粗碎屑岩厚度占地层总厚度的比率较大，为22.5%～69.8%，一般均在40%以上。

（2）各段地层厚度变化均较大，如大占砂岩、香炭砂岩、小紫泥岩、煤层等，厚度变化悬殊，甚至局部缺失小紫段和大面积无煤。

（3）大占砂岩和香炭砂岩构成了山西组地层的基本格架，二者基本上呈正相关关系，即大占砂岩厚，则香炭砂岩也厚，反之则薄。究其原因，两者砂体的沉积环境具有继承性。

（4）二$_1$煤层大面积不可采，仅找煤区西部零星分布，厚度小，变化大。

（5）二$_3$、二$_4$煤层呈带状分布于找煤区的浅部和深部，其厚度小，变化大。究其原因，一是受下部大占砂岩的控制；二是受后期香炭砂岩的冲刷改造影响。

第三章　太原组、山西组沉积环境分析

晚石炭世～早二叠世早期，太原组和山西组沉积环境的演化过程，除了受控于区域岩相古地理环境，更重要的是受西北部中条古陆的控制。

太原组沉积环境组合，为障壁岛、泻湖、潮坪相组合的堡岛沉积体系。主要理由是：岩性、岩相在横向上变化大，灰岩沉积厚度小，碎屑岩比率大，且厚度变化悬殊，空间展布不稳定等。

早二叠世早期山西组地层的沉积环境，是在下部晚石炭世（太原组)堡岛体系的基础上发展起来的高建设性河控三角洲沉积体系。

沉积体系、相、亚相划分见表3-1。太原组、山西组地层的垂直层序，岩性、古生物化石、沉积构造、测井曲线、岩体形态、沉积环境的亚相配制关系等，见图3-1。

表3-1　沉积体系划分

沉积体系	相	亚相
三角洲体系	三角洲平原相	分流河道、泛滥盆地、漫滩湖泊、天然堤、决口扇、泥炭沼泽
	三角洲前缘相	河口砂坝、远砂坝、分流间湾、水下决口扇
	前三角洲相	
堡岛体系	潮坪相	泥坪、混合坪、砂坪、潮沟、泥炭坪
	泻湖相	
	潮道相	
	障壁岛相	
陆表海体系	浅海相	

第一节　太原组沉积环境分析

晚石炭世太原组是在下部中石炭世本溪组泻湖相(铁铝质泥岩)基础上，形成的一套陆表海（浅海)和堡岛沉积体系。早期随着区域性海侵，沉积了本区较厚的太原组下部灰岩含煤段，此后海水逐渐向南东方向撤退，形成了太原组中部以碎屑岩为主的、沿海岸线展布的障壁岛砂体沉积，并伴随有障壁岛后的泻湖、潮坪沉积。晚石炭世晚期，太原组上段经历了一次较大面积的海侵，沉积了全区较稳定的 L_8 灰岩，厚度较薄，呈透镜体产出，常相变为含海相动物化石的泻湖相泥岩沉积。尤其是与上覆山西组地层分界的 L_9 灰岩，空间展布极不稳定，常相变为泻湖相硅质泥岩和菱铁质泥岩。L_9 灰岩之上的山西组底部，二_1煤段地层，属潮坪相沉积，与下伏地段的沉积环境为过渡关系。由于下大占砂岩决口扇、河口坝的快速充填堆积，从而结束了太原组以陆表海和堡岛相沉积体系交互的古地理格局。现将太原组沉积相特征论述如下。

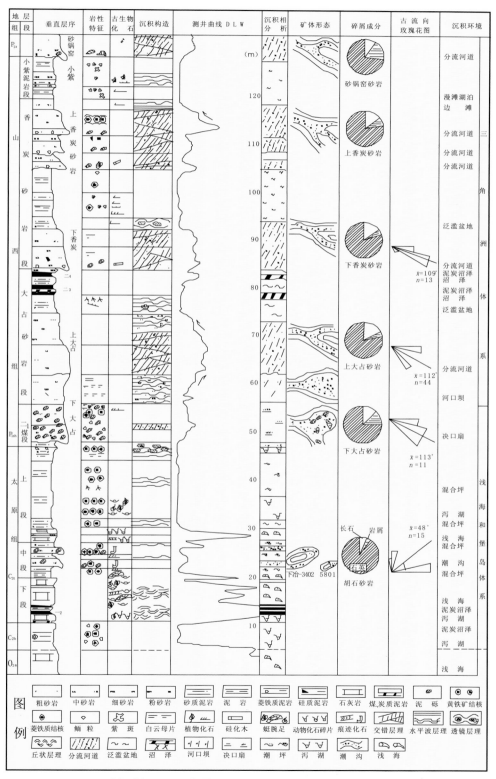

图3-1 济源煤田下冶找煤区太原组、山西组沉积环境综合分析图
（柱状为4201孔资料,古流向为本孔附近露头实测）

一、浅海相

主要由含生物屑泥晶灰岩组成（L_2、L_8等），其他（L_1、L_4、L_6等）多为重结晶和微结晶生物屑泥晶灰岩，灰岩中均含大量较完整的动物化石。尤其是L_2和L_8灰岩，动物化石更为丰富，含较多的化石有蜓、腕足类、海百合茎、单体珊瑚、群体珊瑚、苔藓虫、腹足类。镜下鉴定出的化石有有孔虫、介形虫、层孔虫、海绵骨针、钙藻类等。生物碎屑个体大小不一，排列杂乱无章，分选差。此外，L_2和L_8灰岩中可见较多的Zoophycos(动藻迹)痕迹化石，以及生物扰动构造痕迹。丘状交错层理较发育，局部多达7层以上风暴岩。在下冶石槽剖面，L_2灰岩顶部0.75m，基本上全部由内碎屑灰岩组成，且含有大量泥岩包体，局部泥质含量较高。层面可见较多黄铁矿结核。L_2灰岩顶部含瘤状燧石结核。

根据石灰岩的生物化石组合特征，以及沉积构造特征等，认为本区当时处于陆表海的边缘地带。古气候温暖潮湿，海水清澈，并时常有风暴沉积。盐度正常，海水流畅，氧气充足，是适宜大量生物繁殖生栖的浅水环境。局部出现潮道沉积。

二、障壁岛相

障壁岛相主要发育在太原组中段，仅局限于找煤区西部和东部，其厚度变化悬殊。在下冶区3402孔一带最厚，达39.80m。其砂体对下部灰岩段具有明显的冲刷缺失特征（图3-2）。

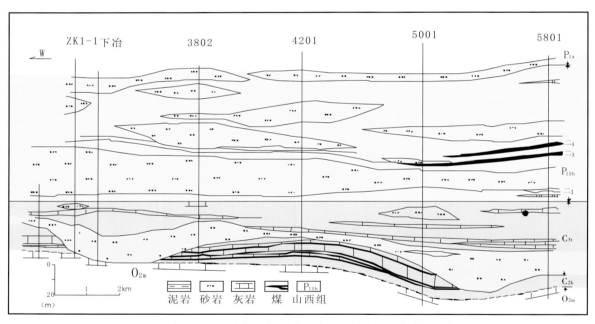

图3-2　下冶找煤区太原组、山西组沉积断面图

岩性以灰~浅灰色中~粗粒石英砂岩、长石石英砂岩为主，局部为岩屑长石石英杂砂岩和含菱铁质石英杂砂岩。成分、结构成熟度较高。底部常含石英细砾。正粒序，发育大型板状交错层理，冲洗交错层理，层系厚一般在0.80m左右。呈楔状和透镜状产出，延伸长度一般在20m左右。纹层呈直线型，倾角5°左右，厚1~3cm，粒度下粗上细。中部可见直脊波痕，波高3~5cm，波长10~15cm。局部可见植物茎和叶部化石。

此外，在下冶河及南岭剖面上可见明显的大型"U"型冲刷面。初步分析为潮道沉积。其底部岩性混杂，含大量的砂岩角砾、泥岩包体等，向上岩性较纯。

4202孔胡石砂岩顶发现有石膏层发育，为蒸发岩，具帐篷构造，是反复干裂作用所形成的，说明局部障壁砂体经常暴露地表。

三、泻湖相

主要发育在太原组上部泥、灰岩段。其厚度较大。为灰黑色块状泥岩，含有大量较完整、个体较小、壳壁较薄的腕足类化石。从钻孔和剖面观测，普遍发育。厚度一般在3m左右。此外，还含有海百合茎、海豆芽，以及海绵骨针和植物化石：Taeniopteris sp.、Cordaites sp.等，普遍含有较多黄铁矿结核。

此外，太原组顶部与山西组分界的L_9灰岩，厚度小，空间展布不稳定，常变为微晶白云岩、硅质泥岩或菱铁质泥岩。据镜下鉴定，灰岩中含有大量海相生物化石碎屑。微晶白云岩中可见个体长2.7mm的瓣鳃类化石，硅质泥岩中可见较多的海绵骨针等。初步分析，L_9灰岩为不太稳定的泻湖相沉积。其海水深度等常有较大变化。

四、潮坪相

（一）砂坪亚相

岩性以细砂岩为主，具脉状层理和波状层理，含动物化石和植物碎屑，遗迹化石以垂直和倾斜的生物潜穴为主。

（二）混合坪亚相

岩性以粉砂岩、细砂岩、泥质岩频繁互层为主，单层厚度2～10cm，具典型的波状层理和脉状、透镜状层理等潮汐构造。倾斜的生物潜穴常见，含有植物碎屑化石和菱铁质结核及黄铁矿结核。

（三）泥坪亚相

岩性以泥质岩为主，透镜状层理发育，具水平生物潜穴和Planolites(漫游迹)等。含菱铁质结核。

（四）潮沟亚相

岩性以中细砂岩为主，具楔状交错层理和双（单）粘土层构造，成熟度中等，泥质含量较高，具植物茎干化石和泥质包体。正粒序，与下伏地层多呈冲刷接触，透镜状产出，与混合坪、泥坪、砂坪亚相共生。

第二节　山西组沉积环境分析

早二叠世早期山西组继承了晚石炭世西高东低的古地势特征。中条古陆为本区主要物源区。由于早二叠世早期二₁煤层形成期受来自南东方向的海侵，因此豫西巨型三角洲朵体上的分流河道阻塞决口，引起河道横向迁移，加之本区长期处于低洼的泻湖～海湾环境，其大量碎屑以决口扇、河口坝形式快速充填堆积到本区，覆盖在山西组底部砂泥岩段之上。当然，由于水流和碎屑物质的快速进积，在局部不同程度上表现了冲刷现象，为山西组高建设性河控三角洲的形成和发展奠定了基本格架。山西组地层的沉积环境演化过程，从下到上为：决口扇、河口坝(下大占砂岩)～分流河道（上大占砂岩）～天然堤～泛滥盆地～沼泽～泥炭沼泽～分流河道（香炭砂岩）～漫滩湖泊（小紫泥岩段）～分流河道相(砂锅窑砂岩)。下面将山西组主要沉积相特征叙述如下。

一、潮坪相

发育在山西组底部，厚5m左右，与下伏太原组呈过渡接触。亚相主要由砂坪、混合坪以及泥坪结合而成。其岩性特征以砂质泥岩为主，以及砂泥互层。可见海豆芽化石，含较多黄铁矿结核，透镜状层理，波状层理极发育。可见双粘土层构造含较多的"U"型、垂直、倾斜和水平的虫孔痕迹化石。泥炭沼泽（二₁煤）位于混合坪之上，但大面积不发育。其聚煤环境分析见第四章第二节。

综上所述，二₁煤段地层的沉积特征综合反映了本区二₁煤聚煤基底属于潮汐作用控制下的潮坪环境。

二、决口扇、河口砂坝亚相（下大占砂岩）

主要发育在大占砂岩下部，与下部二₁煤段地层呈明显接触，冲刷特征不甚明显。决口扇厚10.5m左右，主要分布在官洗沟、4201、4202、5003孔一带，呈朵体展布。面积约25km²。河口坝在本区普遍发育。砂体呈席状展布。其岩性特征为：浅灰色中～细粒长石石英砂岩、岩屑石英杂砂岩等，成熟度较低。含大量白云母碎片、黄铁矿结核，以及大量泥岩包体、少量煤包体。沉积构造以均匀层理为主。发育交错层理，逆粒序，视电阻率曲线呈倒松塔型（图3-3）。此外，局部夹不规则的白云岩结核，以及菱铁矿结核。

下大占砂岩决口扇、河口砂坝的形成特点是，由高能分流河道向低能的泻湖、潮坪环境快速充填沉积的转化过程，即氧化环境向还原环境转化。大量的片状矿物、棱角状泥岩包体、黄铁矿结核、煤角砾等可为以上分析提供依据。

三、分流河道亚相（上大占砂岩）

主要由上大占砂岩组成，与下大占砂岩多为连续沉积，常呈冲刷接触。岩性以灰～浅灰色长石石英砂岩、岩屑长石石英杂砂岩为主。成熟度低，含白云母碎片及炭质膜，局部含较多泥砾，底部常含石英细砾，正粒序，视电阻率曲线呈正松塔型（图3-3）。板状交错层理极发育。砂岩由透镜状砂体组合而成。空间展布稳定性差。

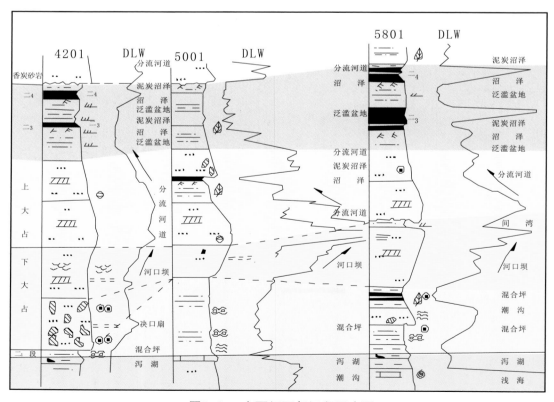

图3-3　山西组下部沉积层序图

四、天然堤亚相

主要形成于大占砂岩顶部，在官洗沟瑶头剖面最发育。砂泥岩呈互层状组成。总厚5～13.30m，各分层厚2～25cm，一般10cm，细砂岩具波状层理，层面具波痕，可见较多的生物潜穴及爬痕痕迹化石。泥岩中含星点状白云母碎片，可见植物化石碎片，具泥裂。

五、泛滥盆地亚相

发育在分流河道形成的大占砂岩和香炭砂岩之间，大部为过渡接触。局部受河流冲刷改造，呈冲刷和明显接触。由砂质泥岩、泥岩组成，含较多的植物化石碎片，含黄铁矿结核。可见波状层理。

六、沼泽、泥炭沼泽亚相（二₃、二₄煤）

形成于泛滥盆地相之上。颜色为深灰色泥岩，含大量植物化石碎片，Stigmaria(脐根座)。片状及块状构造。泥炭沼泽（二₃、二₄煤）主要分布于找煤区浅部和深部，呈片状及带状展布，受分流河道的严格控制，不稳定、不连续。其聚煤环境分析见第四章。

七、分流河道亚相（香炭砂岩）

主要由香炭砂岩组成，与下伏泥炭沼泽冲刷接触。岩性为岩屑长石石英杂砂岩，成熟度低，砂体在横向变化较大，常呈透镜体产出，层系之间多呈冲刷接触，正粒序，底部多含石英细砾，以及大量泥岩包体，局部含大量硅化木，视电阻率曲线表现为正松塔型，底界陡直（图3-4），发育大型板状、槽状交错层理。

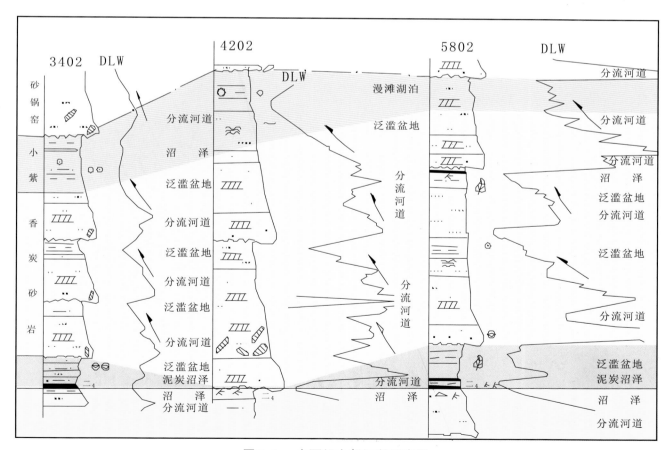

图3-4 山西组上部沉积层序图

此外，在官洗沟剖面、香炭砂岩之间夹数层厚4cm的锥形疑难化石，经南京古生物研究所鉴定，为Golmudolites jiyuanensys，属海绵类生物。

八、漫滩湖泊亚相（小紫泥岩段）

主要由紫斑泥岩组成，厚度变化悬殊，0～31.20m，一般为10m左右，主要受下部的分流河道，以及上部分流河道的改造。它与下部香炭砂岩的厚度呈负相关关系。即香炭砂岩厚，小紫泥岩则薄，反之则厚。局部甚至缺失小紫泥岩段。其岩性特征为灰～浅灰色含铝质泥岩，含大量小紫斑，具菱铁质鲕粒。见植物化石碎片。以块状构造为主。

第四章 主要煤层的聚煤规律分析

第一节 一₂煤层

一₂煤层的直接底板为薄层状根土岩，其下为本溪组泻湖相铁铝质泥岩，直接顶板为浅海相 L₂ 灰岩，一₂煤层厚 0～1.05m，仅两孔达可采厚度（图4-1），一般在0.5m左右。含泥岩夹矸1～2层。一₂煤层属全区发育、较稳定之薄煤层。局部冲刷缺失（图4-1）。一₂煤层之下常发育 L₁ 薄层灰岩和一₁煤层，横向变化大，不稳定。据浅部小窑调查，灰岩常呈透镜状，一₁煤和一₂煤局部合并为一层煤，即一₂煤层。

一₂煤层为中变质烟煤，宏观煤岩类型以光亮型煤为主，可见半暗型煤条带，玻璃光泽，粒状为主，块状次之。含少量黄铁矿，多呈浸染状散布，据镜下鉴定，镜质组占80%左右，反映了较稳定的还原环境；惰质组占4.8%～11.4%，反映了弱氧化和氧化环境。含少量火焚丝炭，表明曾发生过森林火灾。此外，硫化物微量，一般在0.8%左右，碳酸盐类微量，一般在2.4%。夹矸以粘土矿物为主，硫含量在0.94%左右。

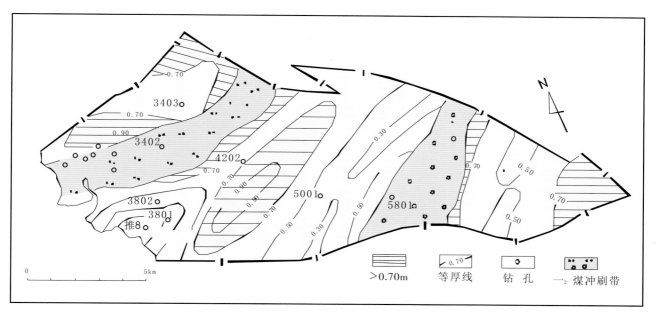

图4-1 一₂煤层等厚线图

据此，一₂煤层形成期受海水影响较小，水位较低，属高位沼泽类型。由于后期大面积海侵，过早地结束了泥炭沼泽的形成和发展，因此本区一₂煤层为较稳定之薄煤。大面积不可采，仅局部零星地段较厚，可供地方小窑开采。

·21·

第二节　二₁煤层

一、聚煤规律分析

本区二₁煤层不发育，大面积无煤。是后期改造的结果，还是原始沉积无煤，存在着较大争议。通过分析研究、钻孔资料及实测剖面，我们认为后者为主，前者为辅。以下从成煤基底、成煤期和成煤后三个层次进行分析说明。

（一）成煤基底

二₁煤层基底是一套厚度薄、较稳定的典型潮坪沉积。亚相由砂坪、混合坪、泥坪组成。平面上的展布规律（图4-2）是：西部以泥坪为主，中部以混合坪为主，东部则以泻湖泥岩为主。其岩性、岩相特征前已详述，本节不再叙述。从区域上分析，本区当时处于南北两大三角洲沉积体系之间的间湾（图4-3），其覆水较深，较稳定，无大量碎屑供应的潮坪、泻湖环境。因此，在古地形、沉积环境等方面，与区域对比，形成较大差异，而这些差异对本区形成泥炭沼泽起到了主要的控制作用。

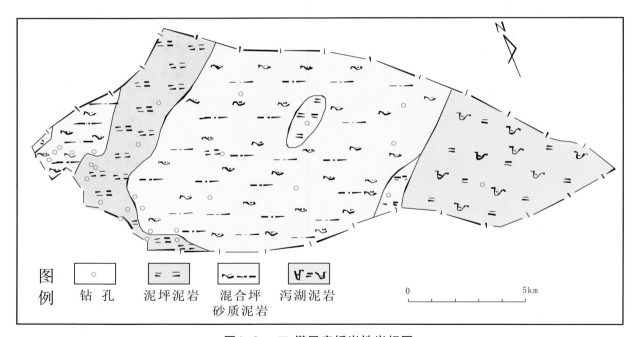

图 例	钻孔	泥坪泥岩	混合坪 砂质泥岩	泻湖泥岩

图4-2　二₁煤层底板岩性岩相图

（二）成煤期

二₁煤层（泥炭沼泽）是在早二叠世早期区域大面积海退过程中形成和发展的。但是，由于本区处于区域上的岩相古地理格局的控制和制约，本区二₁煤层（泥炭沼泽）发育阶段仍处于有一定复水深度和潮汐的严格控制和制约。其主要理由是：

（1）二₁煤层厚0～1.03m，全区大面积无煤，据揭露其层位的33孔资料统计和野外露头观测，仅有8孔见煤，其中仅2孔达可采厚度，并且集中在找煤区西部边界的浅部（图4-4），约10km²，呈EN～

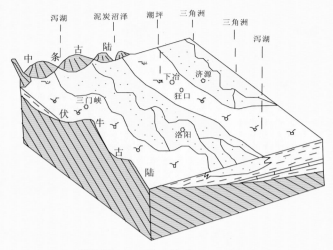

(a)济源煤田二₁煤成煤前沉积模式

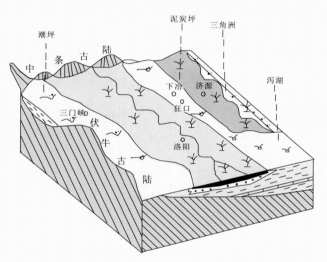

(b)济源煤田二₁煤成煤期沉积模式

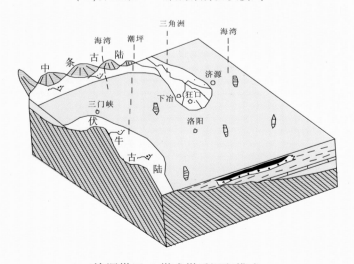

(c)济源煤田二₁煤成煤后沉积模式

图4-3 济源煤田二₁煤沉积环境演化图

WS向条带状展布。3403孔达可采厚度，2.00=1.03（0.52）0.45m，据煤质化验：镜质组和半镜质组，分别为74%和11.5%，惰质组为4.8%，有机组分为90.3%。无机组分以粘土类为主，占7.3%，全硫为1.3%，碳酸盐为0.8%。此外，在瑶头剖面上二₁煤呈煤线展布，并含大量硫化物风化，为淡黄色。

（2）5801孔二₁煤层厚度为0.70=0.07（0.50）0.13m。经镜下鉴定，其中夹矸为灰黑色泥岩，含海绵骨针化石，海绵骨针为单轴单射或单轴双射型的普通海绵骨针。煤层顶板为深灰色泥岩。从煤层保存的完整厚度分析，其厚度薄说明当时泥炭沼泽不发育。此外，大面积无煤区仍处于海水和潮汐控制下的潮坪环境，西部之所以形成小面积薄煤带，其原因是泥炭沼泽处于沿岸地势较高的古地理环境，受潮汐影响较小。总之，本区二₁煤（泥炭沼泽）形成期仍处于覆水较深、不利于泥炭沼泽发育的潮坪环境。

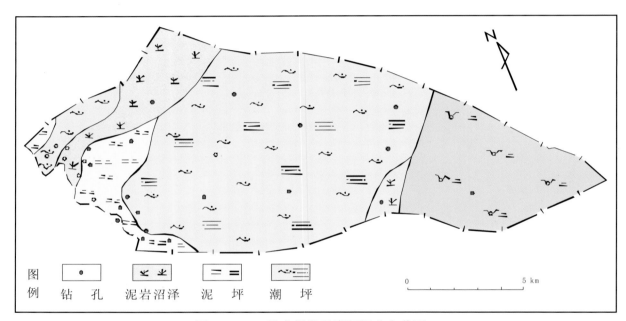

图4-4　二₁煤成煤期泥炭沼泽分布范围

（三）成煤后

本区成煤基底和成煤期阶段，处于一个较稳定、较封闭、覆水较深和受潮汐控制的三角洲及海湾环境，不利于泥炭沼泽的形成和发展。在此阶段本区沉积环境发生了重大变化，由于此次海侵的影响，原三角洲上的河流改道，并挟带大量的碎屑物质由西向东快速地向本区低洼地带充填，形成了一套典型的全区发育的决口扇和河口砂坝相砂岩（下大占砂岩）沉积。仅局部出现小型的分流河道（图4-5），并对下部的二₁煤段地层形成鲜明的冲刷和堆积作用。从二₁煤段地层的保留厚度等特征分析，冲刷作用不甚强烈，只表现了在快速充填过程中的轻微冲刷作用，仍以充填为主。而本区西侧的山西瑶头矿区则以冲刷为主（分流河道相），即西侧为三角洲分流河道相，本区为三角洲前缘环境，再向东为前三角洲环境。这可以从下大占砂岩的由西向东的变化规律、沉积构造、白云母碎片、黄铁矿结核和泥岩包体、煤包体的含量等方面进行说明（表4-1）。

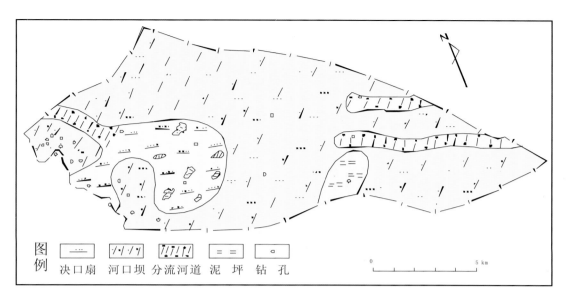

图例 | —(决口扇) | /////(河口坝) | /'/'/'(分流河道) | ==(泥坪) | □(钻孔)

0 — 5 km

图4-5　二₁煤层顶板岩性岩相分布

表4-1　下大占砂岩沉积特征变化

地 区	山西瑶头	济源下冶
方 向	西 → 东	
沉积构造	大型板状交错层理 冲刷现象明显	均匀层理充填为主 冲刷不甚强烈
云母片	极少	大量
黄铁矿结核	无	大量
泥岩包体	少	大量棱角状、撕裂状
煤包体	无	少量棱角状、撕裂状
水流能量	高能	高能释放快速堆积
环 境	氧化	还原~强还原
沉积环境	分流河道为主	决口扇、河口坝、分流河道

综上所述，本区二₁煤成煤基底长期处于一个相对较封闭、较稳定的、无大量碎屑供应的泻湖~海湾环境。然而，邻区为三角洲体系。随着海水退却，三角洲体系为泥炭沼泽的形成和发展创造了良好的古地理环境，加之适量古植物大量繁衍的古气候、古构造、古地理环境等条件，形成了厚度较大，且稳定的泥炭层。而本区的泻湖潮坪相海退较晚，泥炭形成时间短，与区域聚煤环境存在着明显差异，这些差异也正是本区煤层不发育的根本原因。

二、找煤工作和预测

本区找煤工作自1990年初至1992年7月份进行勘查工作，共设计钻探工作量13870m/18孔。在施工过程中，我们紧紧围绕着本区主要地质问题，对野外露头和结束的钻孔进行了详细的观测描述，获得了大量的第一手资料，通过综合分析研究认为，本区二₁煤大面积不发育，没有工业价值和勘查价值，并及时向上级部门提出设计调整方案，得到了上级部门的肯定，从而为国家节约了大量的钻探工作量和资金。据统计，共节约钻探工作量6295.40m/7孔，约132万元。

此外，对相邻的邵源区与本区二$_1$煤层沉积环境和聚煤规律进行分析，预测邵源区二$_1$煤层没有进一步勘查价值，建议调整邵源找煤设计，减少找煤区的钻探工作量，可以在找煤区的浅部和中部钻探少量钻孔进行控制。此建议得到了上级主管部门的认可，并因此及时调整了设计，节约了大量钻探施工费用，取得了较好的地质效果。

第三节　二$_3$、二$_4$煤层

二$_3$、二$_4$煤层位于山西组中部，赋存于大占砂岩与香炭砂岩之间，主要形成于分流河道之间低洼的泛滥盆地之中。由于分流河道在横向上的频繁迁移和决口，因此低洼处的聚煤环境时常处于不稳定状态，难以形成大面积可采煤层。

二$_3$煤层基底是分流河道所形成的大占砂岩，为基本格架，其上为泛滥盆地形成的泥岩或砂质泥岩，二$_3$煤直接底板为根土岩，含脐根座和大量植物化石碎片。

二$_3$煤层顶板，也是二$_4$煤层底板，由深灰色泥岩和砂质泥岩组成，厚度变化较大，一般在5m左右，含大量植物化石。局部发育河道相细砂岩，对二$_3$煤层冲刷和后期二$_4$煤的形成具有较大破坏作用，如5003孔等（图4-6）。

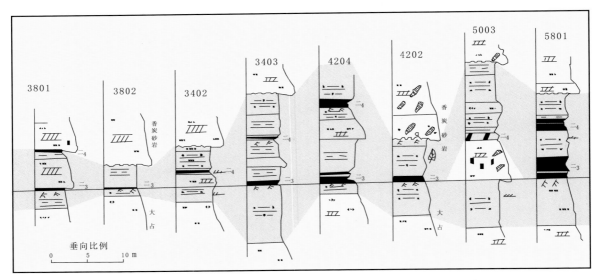

图4-6　二$_3$煤聚积前后的沉积层序

二$_4$煤层直接顶板以深灰色砂质泥岩为主，含大量植物化石碎片。直接顶为分流河道相形成的香炭砂岩，对二$_4$煤层的后期冲刷改造极为明显，如3802、4202孔等（图4-6）。

二$_3$煤层厚0~1.62m，含1~2层夹矸，二$_4$煤层厚0~1.34m，含夹矸1~2层。其可采范围见图4-7、图4-8。主要分布在本区浅部和深部。中部为河道发育地带，并受其严格的控制和制约，致使煤层不连续，不发育，厚度小，结构较复杂，难以形成大面积可采。其分布形态呈片状、带状以及分支状展布，其方向与河道方向一致，并随分流河道的横向迁移而变化。

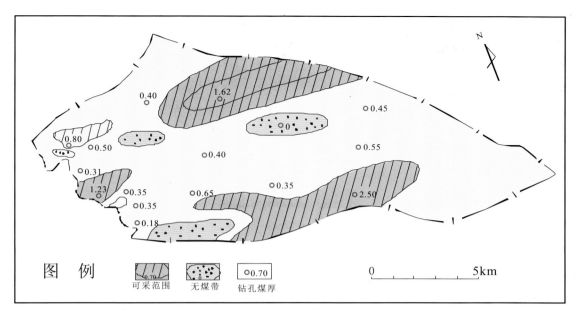

图4-7 二₃煤层可采范围分布示意图

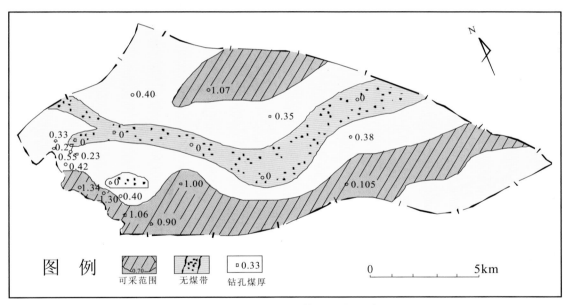

图4-8 二₄煤层可采范围分布示意图

据二₃煤、二₄煤层镜下鉴定，镜质组占82%左右，惰质组占9%，粘土类占9%，碳酸盐占2%，硫化物微量。此外，煤分层测试结果表明，上分层和下分层的镜煤含量较高等，反映了成煤环境的不稳定性。再者，煤中发现有天然焦粒，说明成煤期与区域岩浆活动影响有关。

第五章　主要研究成果

自从20世纪50年代以来，虽然有一些单位对本区作了一些找煤工作，但是对济源找煤区的含煤建造、沉积环境，以及聚煤规律，尤其是二$_1$煤层、二$_3$煤层、二$_4$煤层区域对比、厚度变化、有无进一步开发价值，以及区域构造、中条古陆是否存在等重大问题，没有系统的研究资料，尚属空白。因此，引起较多煤田地质工作者的重视和争议。本书在获取大量第一手资料的基础上，针对以上问题进行了较细致的分析研究，并取得以下几个方面的初步认识和结论。

（1）对太原组和山西组的沉积环境作了较详细的分析研究，认为太原组沉积环境为陆表海浅海相和堡岛体系交互的沉积体系；山西组为高建设性的河控三角洲沉积体系，同时在很大程度上受中条古陆的影响和制约。

（2）找煤区二$_1$煤层不发育，不可采。通过对成煤基底、成煤期和成煤后的沉积环境分析，以及区域资料对比，认为邻区的二$_1$煤层与本区二$_1$煤层属同层煤，具有明显的可比性，之所以本区二$_1$煤层不发育，主要原因是沉积无煤，而不是单独的后期冲刷造成。

（3）二$_3$、二$_4$煤层仅局部较发育，大面积不可采，厚煤带主要呈带状、片状和枝状分布于找煤区的南部和北部，煤层不发育的主要原因是受分流河道的频繁迁移、决口和后期改造影响。二$_3$、二$_4$煤层的形成、发展和保存，处于极不稳定的局限低洼盆地以及分流间湾的聚煤环境。因此，二$_3$、二$_4$煤层不具大规模开采价值，浅部煤层露头附近为较发育地段。

（4）一$_2$煤层虽然全区发育，层位较稳定，但厚度小，大面积不可采。其原因主要是受中条古陆影响。此外，一$_2$煤为中变质烟煤且硫含量较低，具有一定的经济价值，据生产小窑调查，一$_1$煤和一$_2$煤合并可采，由于煤层薄，它们之间夹有不稳定、透镜状的L$_1$灰岩，煤层具有分叉合并现象，将给煤层开采造成较大困难。再者，与其他地区高变质无烟煤相比，一$_2$煤层具有明显的差异，有待进一步研究。

（5）通过区域资料对比，以及对本区地质条件的分析，初步认为中条古陆对本区的含煤岩系、沉积环境和聚煤规律等起到了控制作用。

（6）通过对找煤区地质条件的深入研究，为上级主管部门领导决策和修改设计等提供了大量第一手资料和较可靠的分析研究成果，由原设计18孔、13870m的钻探工作量减少到11孔、7574.60m，为国家节约了7孔、6295.40m钻探工程量，节约资金共计132.20万元。此外，还节约了大量人力物力和其他方面的费用，取得了明显的经济效益。

附　录

I　济源煤田下冶找煤区
4201孔地质总结

甲：关于编制提交单孔地质总结的说明

目　录

乙：附件：4201孔$P_{1x} \sim O_{2m}$岩芯彩色照片

总结编制：石建平
地　质　员：焦土生
现场管理及验收：石建平　郭双庆　程太安　刘德元

施工钻机：301
机　　　长：郭天明
班　　　长：拓立新　任学庆　葛良谋　马中坛
小班记录员：刘宏汉　曹立伟　吴怀周　曹东风

开竣工日期：1991年5月8日~1991年7月10日
终孔深度：417.56m
开终孔层位：上石盒子组~马家沟组
可采煤层：二$_3$、二$_4$煤层　合格
全孔质量：甲

关于编制提交单孔地质总结的说明

单孔总结作为一个综合性的小型报告，其目的是进一步加强和完善基础地质工作，较全面地叙述单孔地质目的和任务以及所取得的地质成果，试图以此来促进和克服以往岩芯鉴定工作中的简单化和公式化，加强各种地质现象的识别及描述能力，突出重要地质问题，再由点到面分析研究局部地质变化规律，为地质报告奠定较可靠、较全面的单孔基础资料。据此，本人认为，单孔总结对加强基础地质工作、提高地质研究程度、丰富报告内容、提高地质人员的业务素质等方面有一定促进作用。

（1）单孔总结以岩芯鉴定标准化为基础，以实际的各种地质现象为依据，重点对构造、标识层、沉积相标志、古生物化石等方面进行描述，最大可能地多附照片和素描图，尽量避免理论上的空谈和生搬硬套，克服以往鉴定工作中的公式化和简单化。

（2）重点突出了不同勘探区和不同钻孔的主要地质问题。例如：济源煤田下冶找煤区重点突出了沉积环境和赋煤规律，焦作煤田重点突出了水文地质和工程地质方面的观测描述，安阳煤田主要是构造问题等。另外，加强了分析研究工作，寻找规律，其效果较好。

（3）进一步完善了岩芯彩色照片，如济源煤田下冶找煤区均进行了全孔或分段系统岩芯彩照，并装订成册。此外，对特殊的地质现象（构造岩、标志层、沉积构造、结核等）也进行了单块标本照相，既丰富了地质总结内容，也为总体报告积累了素材，而且有利于地质人员查阅，方便了岩芯保管、翻查，以及节约了购买岩芯盒的大量资金。

（4）针对济源煤田煤层变化大，甚至大面积无煤等特点，我们选择了以含煤岩系沉积环境分析为突破口，尤其是把成煤基底、成煤期和后期改造作为重点，进行较详细的亚环境相标志的观测描述。绘制了本孔和相邻垂直层序相柱状图，初步进行了纵、横剖面相对比，寻找局部地段亚环境变化规律，为全区沉积环境分析和年终及时调整设计、减少钻探工作量提供了可靠依据。

（5）进行了相邻钻孔的煤（岩）层对比，综合分析地层、煤层、标志层、岩性、厚度等在纵（倾向）、横（走向）、垂向上的变化规律及变化趋势，为全区煤（岩）层对比提供较可靠的局部变化资料。

（6）古生物化石方面采取了动物化石、植物化石、痕迹化石分别描述，要求鉴定到类和属。另外，对其所产层位，深度，保存完整程度、数量、大小等进行较详细的描述，对个别孔及层段进行系统采样鉴定，为生物地层对比提供宏观依据。

（7）水文地质及工程地质要求对简易水文观测中的涌、漏水层位，涌、漏失量以及水位变化情况进行描述和分析。初步划分含水层及隔水层，重点对主要可采煤层顶底板含、隔水层的岩性、孔隙、裂隙等水文地质特征进行描述。工程地质重点放在煤层顶20m、底板10m范围内进行量的观测描述，初步划分出伪顶、直接顶、老顶以及直接底、老底的岩性、厚度、结构、裂隙发育情况等，为将来煤层开采时的工程地质条件作出初步的评价。

（8）促进了地质人员学业务的热情。很多同志认为，要想写好一个单孔总结，不仅要有较全面的基础理论知识，还要具有较丰富的野外实际工作能力，掌握各种工作方法以及规程规范；认为以前的岩芯鉴定描述远没有达到取全取准的要求，较多地质信息被遗漏。此外，通过提交单孔总结，地质员的报告编写能力、"三边"工作方法、分析研究能力都有不同程度的提高。

（9）如何编写出一个质量较高、具有一定使用价值的单孔地质总结，还有很多问题需要探讨。其一，它涉及地质学各学科专业知识和工作方法，既有难度又有广度。其二，在短期内难以达到预期目的，但是通过编写单孔总结体会到，提高地质人员的业务素质、加强基础地质工作是非常重要的。其三，进一步探索和完善单孔总结方法。

第一节　概　况

本孔位于下冶找煤区西南部,距浅部生产小井和4202孔、5001孔分别为2300m、2000m和3800m。控制面积约为5km²。构造位置处于焦山断层(F_{55})附近(图1)。北距工区驻地约20km,其地形复杂,交通极不方便,给生产及地质管理造成较大困难。下将本孔的主要地质任务及质量要求简述如下(以单孔设计为依据):

（1）了解煤层赋存情况。

（2）了解F_{55}断层。

（3）取A层铝土矿样、煤芯煤样。

（4）基岩全取芯。

（5）煤层厚度≥0.60m的要采样化验,≥0.70m的煤层一律参加验收。≥0.80m的煤层达不到合格者均要采取补救措施。

（6）其他各项质量要求均按有关实施细则及部局有关质量标准执行。

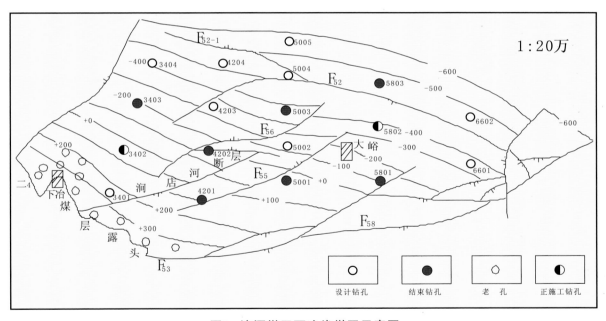

图1　济源煤田下冶找煤区示意图

第二节　地质工作量及质量评述

一、钻探工作

该孔使用钻机类型及能力为XB-1000型,水泵类型及能力为250L/60个大气压,发动机类型为4135/100马力,钻孔结构为90mm,采用钻头种类:合金、腊模、大庆、取煤钻头及胎模等。主要技术参数:压力500~800kg;转速:75~300r/min,一般150r/min;水量:150L/min;冲洗液:比重1.11,含砂量≤1%,黏度2025s,稳定性小于0.04%。

二、工作量及质量

（1）本孔自1991年5月8日～1991年7月10日，完成钻探工程量417.56m，终孔层位O_{2m}，因二$_4$煤层打丢补斜2次。共历时63天，其中放麦假15天，施工天数48天，全孔质量为甲级。该孔在292.84～297.75m处因补煤残留4.91m的劈子。

（2）岩层：基岩全取芯，质量达到特级标准见下表：

取芯层段	Q	风化带 (P_2s^1)	P_2s^1	P_{1x}	P_{1sh}	C_{3t}	C_{2b}	O_{2m}	合计
取芯厚度（m）	5.03	61.91	145.09	72.33	81.63	36.04	5.31	9.95	417.29
采长（m）	0	31.00	125.14	59.95	73.12	29.22	3.93	8.10	330.46
采取率（%）	0	50.10	81.20	82.90	82.60	81.10	74.00	81.40	80.10

（3）煤层：该孔共见4层煤，其质量情况见下表：

项目	二$_4$煤	二$_3$煤	二$_1$煤	一$_2$煤	一$_1$煤
厚度（m）	0.93	1.81=0.65（0.99）0.17	冲刷？沉积无煤？	1.75=0.35（0.40）0.14（0.26）0.60	炭质泥岩
采长（m）	0.88	1.81=0.65（0.99）0.17		1.47=0.33（0.33）0.10（0.21）0.50	
长度采取率	94.6	100			
实重/应重	3.8/4.86	2.6/3.65			
重量采取率（%）	78.2	71.2			
质量	合格	合格		不参加验收	

（4）孔深检查：本孔分别对见基岩深度、每百米、见止煤深度、终孔、封孔检查等进行了19次孔深检查，其误差率均小于0.15%，煤层深度与测井资料对比误差率均小于0.015%，达到合格标准。

（5）孔斜：测斜深度415.00m，天顶角0°50′，达特级标准。

（6）封孔：按设计要求对二$_4$煤层以上封闭67.57m止终孔，孔口埋设暗标，其质量合格。

（7）本次对A层铝土以下的山西组（P_{1sh}～O_{2m}）底地层进行了岩性彩色照相，见《4201孔P_{1sh}～O_{2m}岩芯彩色照片》，并对所取岩矿样标本进行了单块照相。

（8）采样：本孔一$_2$、二$_3$、二$_4$煤层采取了煤芯煤样。A层铝土矿样，采集了山西组、太原组地层的系统岩矿样约29块，并进行了切片镜下鉴定。

（9）原始资料：原始记录表清晰，描述全面，细致，原始资料合格。

第三节　地层及煤层

一、地层

本孔揭露地层从下到上有奥陶系马家沟组(O_{2m})、石炭系中统本溪组（C_{2b}）、上统太原组（C_{3t}）、二叠系下统山西组（P_{1sh}）、下石盒子组（P_{1x}）、上统上石盒子组（P_2s^1）、第四系，揭露地层总厚度417.56m。现将本孔地层简述如下：

（一）马家沟组（O_{2m}）

厚度9.95m。石灰岩，深灰色，厚层状细晶结构，坚硬（图2）。

（二）本溪组（C_{2b}）

厚度5.31m，上部灰色含铝质以及黄铁矿结核，局部可见菱铁质鲕粒。下部为深灰色泥岩，具滑痕。与下伏地层呈假整合接触。横向厚度变化较大，向北4202孔、向西3403孔变薄，向东逐渐变厚（图3）。

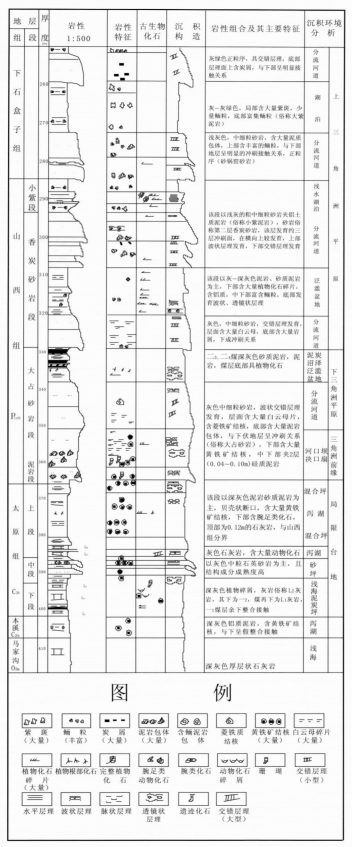

图2 4201孔太原组、山西组岩性特征及沉积环境分析柱状图

（三）太原组(C₃ₜ)

厚度34.06m，顶部以微晶白云岩（L₉）顶与山西组分界，底部以一₁煤层底板与本溪组分界，为整合接触关系。据岩性组合特征分为上、中、下三段叙述如下（图3）：

（1）下部灰岩含煤段：上至L₃灰岩顶，厚9.24m。本段发育三层石灰岩（L₁、L₂、L₃）。其间夹一₁、一₂、一₃煤层。石灰岩总厚6.89m。占该段岩层厚度的74.6%，所夹三层深灰色泥岩仅0.86m。一₁煤和一₂煤总厚1.49m（一₁煤相变为炭质泥岩）。占16.1%。该段以L₂灰岩为主，厚度3.62m，深灰色，含有大量动物碎屑以及Zoophycos（动藻迹）化石(照片1)。据镜下鉴定：生物化石（含量>5%）为腕足类、蜓、介形虫以及生物碎壳，定向排列，炭质较多处，生物屑集中。据野外露头观测，常发育3~4层风暴岩。该段岩性组合特征明显，尤其是L₂灰岩全区发育，因厚度大而区别于太原组其他石灰岩层。本段厚度由西向东有增厚的趋势，向西3403孔变为两层灰岩。沉积缺失L₃灰岩。

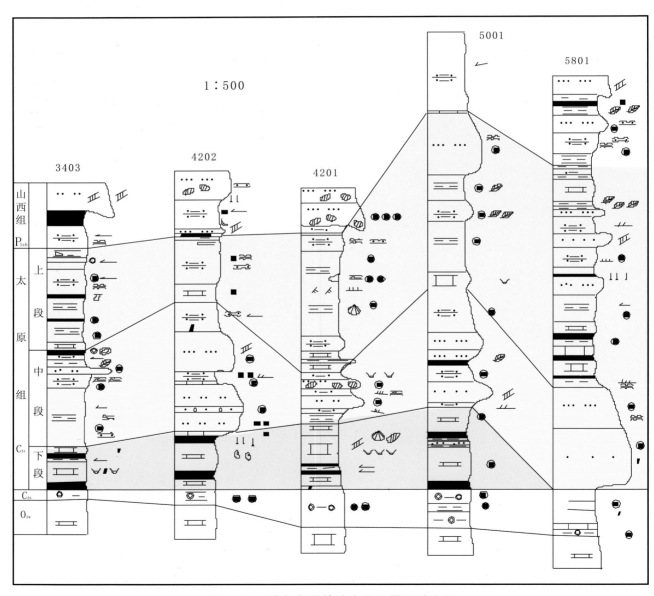

图3　4201孔与邻近钻孔太原组煤层对比图

（2）中部碎屑岩段：上起L₇灰岩底，下止L₃灰岩顶。厚7.19m。岩性以砂岩为主，夹泥岩、砂质泥岩薄层，砂岩为灰白色中粒石英砂岩，上层砂岩底部含菱铁质结核，具较明显的冲刷现象（照片2）。向上成分逐渐变纯，为灰白色。下层砂岩据镜下鉴定：石英含量95％，次棱角状，分选中等，胶结物为钙质和菱铁质，其结构、成分成熟度均高于山西组及以上砂岩。本段砂岩厚度向北4202孔增厚到12m，向西3403孔相变为黑色泥岩，向东有变薄的趋势。

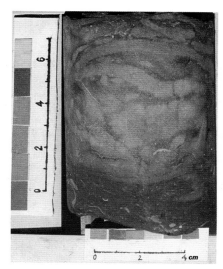

照片1：Zoophycos（动藻迹）

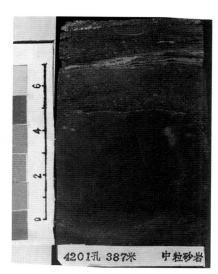

照片2：冲刷接触

照片3：微晶白云岩（L₉）

（3）上部泥、灰岩段：顶部以微晶白云岩(L₉)顶界与山西组分界，厚19.61m。本段以灰黑色泥岩、砂质泥岩为主，含较多黄铁矿结核，中部含植物根化石，中上部含较多的腕足类化石。局部发育波状层理。底部为L₇、L₈石灰岩(厚1.20m、1.40m)。据L₇灰岩镜下鉴定：生物屑粉晶白云岩，生物屑含量40％，种类有腕足类、有孔虫、蜓、介形虫、苦鲜虫。填隙物以重结晶或粉晶状白云石为主，占60％。方解石次之，含少量炭质。可见Zoophycos(动藻迹)化石。顶部为微晶白云岩（L₉）(照片3)，其含量94％，黄铁矿含量4％，粉砂质2％，在炭质富集的地方发现有小个体长（2.7mm）的瓣鳃类动物化石。

（四）山西组(P₁sh)

顶部以砂锅窑砂岩底为界，厚81.53m。与上下地层呈整合接触关系。据岩性特征从下至上可分为四段（照片4）简述如下：

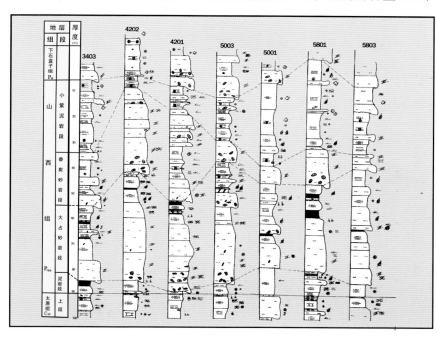

照片4：4201孔与临近钻孔煤岩层对比图

（1）二₁煤段:下从L₉白云质灰岩顶至大占砂岩底，呈冲刷关系。厚1.20m。岩性为灰黑色泥岩，砂质泥岩，含黄铁矿结核，植物化石碎片。断口平坦。该段在横向上厚度变化较大，与邻孔对比，本孔二₁煤段厚度最小，初步分析认为是顶部分流河道冲刷所致。缺失上部地层4余米（照片5）。

照片5：二₁煤段上、下岩层接触关系

（2）大占砂岩段：总厚35.10m。上至香炭砂岩底。大占砂岩上部为二₃、二₄煤层以及深灰色泥岩，砂质泥岩。其厚度8.35m。含植物化石碎片，煤层底板含植物根化石。

大占砂岩为灰色细～中粒长石石英砂岩，厚26.75m。全粒序，层面含较多白云母碎片及炭质薄膜和煤屑。含较多黄铁矿结核，底部含大量泥岩包体（照片6），下部夹三层结核状亮晶白云岩（照片7），底部为块状，中下部发育波状层理（照片8、照片9）。上部和下部含菱铁质结核（照片10）。

照片6：大占砂岩底部含大量泥岩包体及黄铁矿结核

照片7：大占砂岩下部所夹亮晶白云岩（结核状）

照片8：大占砂岩中下部发育波状层理

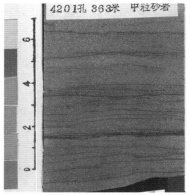

照片9：大占砂岩中下部发育波状层理

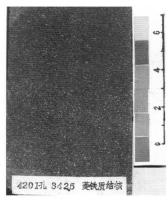

照片10：大占砂岩上部含菱铁质结核

· 36 ·

本段取岩矿样10块，据镜下鉴定：石英含量80%～88%，长石8%～13%，岩屑2%～4%，白云母1%～3%，杂基以叶腊石为主，占3.19%，从总体上看石英含量向上渐少，长石、岩屑、云母含量增多。下部所夹亮晶白云岩，成分以白云岩为主，含少量方解石，晶体呈板条状，定向排列，可见擦痕。大占砂岩厚度及粒度在横向上变化较大，42勘探线最厚，向西以及东部变薄，粒度由东向西变粗。

　　（3）香炭砂岩段：分为上下二层，间夹深灰色泥岩，砂质泥岩，总厚度34.19m。砂岩特征为灰～浅灰色中～细粒长石石英砂岩，正粒序，具交错层理（照片11、照片14）。具菱铁质纹理（照片12）以及含菱铁质中粒长石石英砂岩（照片13）。

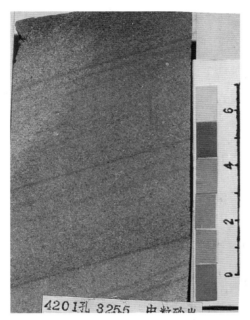

照片11：下部香炭砂岩具交错层理

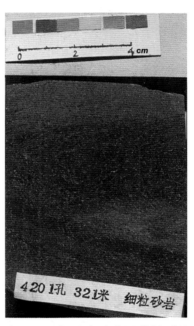

照片12：下部香炭砂岩具菱铁质纹理

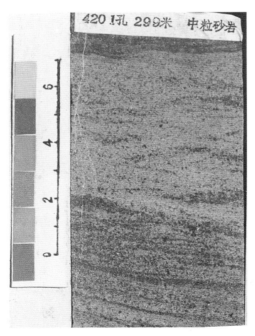

照片13：下部香炭砂岩具菱铁质纹理

照片14：下部香炭砂岩具交错层理

本段取岩矿样9块，据镜下鉴定：石英含量77%～91%，长石5%～20%，岩屑2.6%，杂基以高岭石为主，占5.30%，胶结物为硅质，少量为碳酸盐，粒度为下粗上细，正粒序，从下到上石英含量渐少，长石、岩屑、杂基增多。砂岩底部含石英细砾，具冲刷现象。下层香炭砂岩距二₄煤约0.30m。本段砂岩厚度、粒度在纵向上变化较大，以北部4202孔最厚、粒度最粗，向东、西变薄，粒度变细，且分叉为2～3层。

（4）小紫泥岩段：厚11.04m，岩性以灰色泥岩、砂质泥岩为主，略含紫斑。夹细砂岩薄层，上、下部含鲕粒。中部深灰色泥岩含大量植物化石碎片。局部发育波状层理。从（照片4）中可以看到，该段厚度与下伏香炭砂岩的厚度有密切负相关关系，即香炭砂岩厚则小紫泥岩段就薄。

（五）下石盒子组（P_{1x}）

揭露厚度279.43m。底以砂锅窑砂岩为底界，上至田家沟砂岩底部（风化剥失）。与下伏地层呈冲刷接触关系。无煤层发育，本段含砂岩16余层，厚约101.21m。岩性多以灰～灰绿色中细粒砂岩为主，岩屑、长石含量明显增高，具交错层理。底部多含细砾及泥质包体。正粒序，多具冲刷面。泥岩、砂质泥岩多为灰～灰绿色，含大量紫斑，尤其是本组底部的铝土质泥岩（A层铝土），为重要标志层，含大量紫斑，富含鲕粒，其厚度稳定，本孔厚度为1.20m。本段中上部夹深灰色泥岩，且富含炭化植物化石碎片，相当于四煤层位。

砂锅窑砂岩：厚约12m，底部为灰色中粒长石石英砂岩（照片15），含较多泥质细砾，具较多明显的冲刷现象。上分层为灰色细粒岩屑石英砂岩，中部含大量深灰色泥质包体（照片16、照片17）。

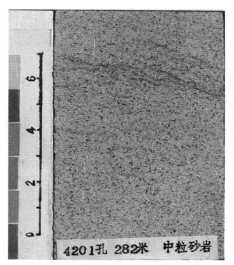
照片15：中粒长石石英砂岩

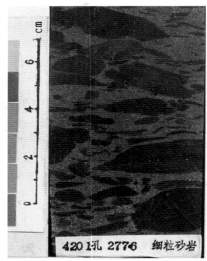
照片16：大量泥质包体

照片17：含菱铁质细砂岩

（六）第四系

耕植土、黄土，含较多砾石，厚5.30m。

二、煤层

一₂煤：位于太原组底部，L_1灰岩之上，L_2灰岩之下。厚度1.75=0.35（0.40）0.14（0.26）0.60m。采长：1.47=0.33（0.33）0.10（0.21）0.50m。测井解释厚度1.63=0.30（0.65）0.68m。黑色、光亮型、粉沫状和粒状，下部为块状。夹矸为灰黑色泥岩，含炭屑及较多植物化石碎片。煤层直接顶、底板均为石灰岩。

二₃煤：位于山西组中下部，大占砂岩之上0.7m，二₄煤层之下2.5m。厚1.81=0.65（0.99）0.17m。黑色，以粉状为主，粒状次之，煤岩成分以亮煤为主，属光亮型煤，底部偶尔见块状。暗煤较多。夹矸为炭质泥岩，叶片状，煤层顶板为深灰色泥岩，含丰富的植物化石碎片。少含菱铁质结核。直接底板为0.03m的炭质泥岩，黑色片状。

二₄煤：上距香炭砂岩0.39m，下距二₃煤约2.5m。煤层厚度0.93m。测井1.00m。黑色，以粉状为主，偶见块状，可见亮煤条带，以亮煤为主，中部夹暗煤薄层。光泽暗淡，含较多白色次生矿物。煤层伪顶厚0.18m，岩性为深灰色，含黄铁矿结核之粉砂质泥岩。伪底厚0.17m，炭质泥岩，片状松软。

三、古生物化石

（一）植物化石

山西组顶部深灰色泥岩中产Chiropteris（掌蕨）和Spheoophyllum（楔叶）以及柯达化石。此外，在二₃、二₄煤层底板中发育植物根化石。据植物化石碎片在垂向上的分布规律，多集中产于山西组中上部，太原组仅局部含植物化石碎片。呈碎片状。多以顺层分布。初步分析，多产于泛滥盆地、浅水湖泊以及潮坪环境。另外，大占砂岩中偶见炭化植物化石碎片。

（二）动物化石

多产于太原组地层中，且集中产于石灰岩中，可见到较多完整的腕足类、蜓类、介形虫、有孔虫、苔藓虫、珊瑚等。但大多为碎屑。在太原组上段黑色泥岩中可见到黄铁矿化的腕足类化石。据镜下观察，生物碎屑定向排列，表现了受到较强水动力条件的搬运。

（三）痕迹化石

主要产于太原组灰岩及砂岩中，现分析如下：

（1）潜穴：产于孔深384.67m。层位：太原组中部L₇～L₈灰岩之间的细砂岩中，数量较少，直径约为0.5cm，形态呈凸形，顺层面水平管状。发育波状，透镜状层理。初步分析它形成于砂坪环境。

（2）Zoophycos（动藻迹）：分别在孔深397.00m（L₂）和358.8m（L₆）灰岩中见到动藻迹痕化石（照片18、照片19）。

照片18：为不规则潜穴，内部构造不明显，潜穴直径相对较大。

照片19：呈规则的水平状顺层层布，内部可见清晰的星月构造，其下含大量动物碎屑化石。可见黄铁矿结核。初步分析为浅海正常天气温暖环境。

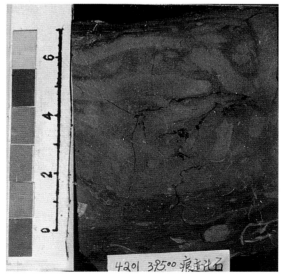

照片18：Zoophycos（动藻迹）

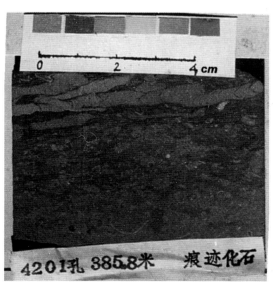

照片19：Zoophycos（动藻迹）

四、太原组、山西组沉积环境及聚煤初探

(一)太原组

太原组沉积环境为浅陆表海（局限台地）有障壁岛的泻湖～潮坪沉积体系，与相邻(焦作、新安煤田等)对比，本区太原组地层厚度小，岩相变化大，尤其是石灰岩层数少，厚度小，区内甚至邻孔也难以对比。在垂向上表现了浅海相沉积序列，据本孔岩性岩相特征从下至上简述如下。

1.浅海相

主要由石灰岩组成，含大量生物碎屑，可见腕足类、蜓类、珊瑚、海百茎、苔藓虫等化石，具有一定排列方向。L_2、L_7灰岩中部含有动藻迹（Zoophycos）化石。灰岩泥质含量较高，L_7灰岩中含有小泥砾，可见黄铁矿结核，层面具炭质，L_2灰岩夹3～4层泥岩薄层。野外剖面观测常发育4余层丘状层理等风暴沉积特征。有关研究资料表明，以上生物组合特征等为海水较浅、温暖气候、正常天气和风暴沉积的浅海环境。

2.潮坪相

多发育在太原组中、上部的砂质泥岩段中，其波状、透镜状、脉状层理发育，中部可见虫孔痕迹化石。此外，西部瑶头剖面灰岩之上发现有硬石膏薄层，为潮上带标志，北部4202孔的L_2灰岩顶发现有帐篷构造（照片20），为潮上坪（萨布哈）。岩性为含膏白云岩，它是由硬石膏水化成石膏膨胀而成的。

照片20：帐篷构造

3.泥炭坪

仅下部灰岩段发育有泥坪炭（一$_2$、一$_1$煤），煤层直接顶板为石灰岩。煤层薄，结构复杂，说明成煤期泥炭坪延续时间短，并受海侵、海退及潮汐作用的严格控制。生产小井及相邻孔煤质资料表明，其硫化铁均在1.5%以上。

4.砂坪（潮渠潮沟）相

发育在中部碎屑岩段，以砂岩为主，夹泥岩薄层，为明显接触关系。下部砂岩（照片21）正粒序。含较多扁平状小泥砾及黄铁矿结核。分析为潮道中的浊流沉积。上层砂岩块状结构，具明显的冲刷接触，并切割了下部的菱铁质结核（照片22）。砂岩中含有较多小泥砾。与邻孔对比，本孔砂岩厚度小，岩性混杂，初步分析本孔当时处在潮渠环境。

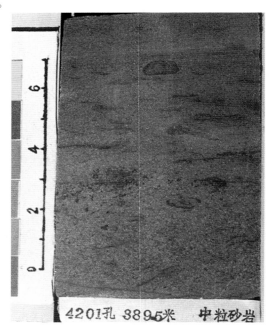

照片21：正粒序层理

照片22：冲刷面构造

泻湖（海湾）相

主要发育在上段，岩性为深灰色泥岩，含较多黄铁矿结核，可见较多的黄铁矿化的腕足类化石。此外，顶部与山西组分界的微晶白云岩，据镜下鉴定碳酸盐含量94%，铁质4%，粉砂质2%，并发现有瓣鳃类化石，邻孔多为菱铁质泥岩（俗称铁里石层）。有关研究资料表明，沉积铁质泥岩和含铁建造大都形成于局限循环的泻湖还原环境。

（二）山西组

山西组是在下部泻湖海湾的基础上发展起来的较完整的三角洲沉积体系，据岩性岩相特征分述如下。

1. 二₁煤基底潮坪相

本段地层经与邻孔对比，缺失其上部地层约5m。仅保留了1.20m的黑色泥岩，均匀层理，含黄铁矿结核。与下伏泻湖相白云岩（L₉）呈过渡关系。据邻孔及附近剖面观测，二₁煤下伏地层发育波状、脉状、透镜状层理，以及砂泥岩互层层理，并可见较多的U型、垂直状等虫孔痕迹化石及少量植物化石碎片。以下冶剖面、瑶头剖面及其他钻孔的沉积标志较为明显。初步认为该段地层具砂坪、混合坪、泥坪亚环境沉积特征。

2. 成煤期泥炭沼泽相

据上所述，本段上部地层保存不全，是冲刷还是原始沉积有待于进一步工作。但从邻孔及野外剖面观察，二₁煤厚度小，煤质差，硫分含量较高（3403孔为1.3%），煤层结构复杂，在下冶、瑶头剖面等地的煤层露头观测，其厚度仅0.21m左右，却含数层3mm左右的夹矸。据此分析，本区二₁煤成煤期受长时间、大面积的潮汐水流的严格控制，时常形成覆水较深的还原环境，难以形成泥炭沼泽。此外，从煤层特征以及煤质资料分析，泥炭沼泽在形成过程中受到咸水、半咸水以及潮汐作用的控制。

3. 二₁煤顶决口扇相（大占砂岩下部）

岩性为灰色中粒长石石英砂岩，厚约10m，含大量角砾状泥岩包体、黄铁矿结核（照片23、照片6）和白云母碎片，其间夹薄层块状较纯净的中粒砂岩（照片5）。与下伏地层呈明显冲刷、充填接触关系，对二₁煤形成后具有较大的破坏作用。从下冶、瑶头剖面及邻孔观测，大占砂岩直接压煤。据上述特征分析，二₁煤聚煤期覆水变深，造成原河道阻塞而决口，形成含大量泥岩包体的沉积物。从横向上分析，其决口扇分布面积约25km²，并受邻孔4202、5003等控制。河道决口处可能在42线以西。

照片23：角砾状泥岩包体
及黄铁矿结核

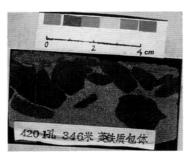

照片24：含菱铁质泥岩包体

照片25：波状、透镜状层理

4. 砂坪相（大占砂岩中、下部）

岩性为灰色细粒长石石英砂岩，厚约4m，波状层理（照片8、照片9），透镜状层理极发育，层面含大量白云母碎片及炭质膜，含菱铁质结核，其间夹3层厚度小于0.30m的亮晶白云岩（见第61箱岩芯照片和照片7），呈结核状，其镜下观察具定向排列，可见擦痕，具明显的水流搬运特征。白云岩结核一般形成于近海环境并与菱铁矿结核共生，加之沉积构造等，为砂坪环境沉积特征。

5. 河口坝相（大占砂岩中下部）

岩性为灰色细粒长石石英砂岩，厚约5m，粒度向上变粗，视电阻率曲线为倒松塔型，块状、逆粒序层理。局部可见交错层理。下部含次圆状菱铁质泥岩包体，厚约3cm，其长轴具一定排列方向（见照片24）。在邻孔也可见到。

6. 分流河道相（大占砂岩上部）

岩性为灰色中～细粒长石石英砂岩，长石含量有明显增高，约13%，石英80%，岩屑4%。正粒序，视电阻率曲线呈正松塔型。局部含泥质包体，大型板状交错层理发育，顶部层面含较多白云母碎片及炭质，顶部砂质泥岩中波状、楔状、透镜状层理（照片25）发育。

7. 沼泽、泥炭沼泽相（二$_3$、二$_4$煤段）

岩性为深灰色泥岩、砂质泥岩以及二$_3$、二$_4$煤层，厚约6m。泥岩中含大量植物化石碎片，具较完整的掌蕨、楔叶和柯达化石。煤层底板含大量植物根化石。二$_4$煤顶板砂质泥岩中含黄铁矿结核。从亚环境演化分析，它是由下部的分流河道向泛滥盆地～沼泽～泥炭沼泽过渡。

8. 分流河道相（香炭砂岩段）

岩性为灰色中、细粒长石石英砂岩，正粒序，底部含砾，具明显的冲刷现象。发育交错层理。局部层面含较多白云母碎片及炭质，顶部含菱铁质结核。

本段在横向上对比，其厚度、粒度等变化很大，北部的4202孔厚度最大，为28m，粒度为含砾粗砂岩，且含大量泥质包体。向东变薄，分叉为2层，粒度变为细粒砂岩。

9. 浅水湖泊及沼泽相（小紫泥岩段）

岩性为灰色具紫斑，富含铝质及鲕粒结构，块状构造，中部夹深灰色泥岩，富含植物化石碎片。初步分析认为，以浅水湖泊相为主，并有沼泽发育。顶部砂锅窑砂岩与小紫泥岩呈明显冲刷关系（见第46箱岩芯照片）。正粒序，底部含大量泥质包体（略）。

第四节　构　造

经取芯并与相邻钻孔对比证实，地层厚度沉积完整，但是，在二$_3$、二$_4$煤层之间的泥岩、砂质泥岩极破碎，滑痕发育（见第55箱岩芯照片），具白色次生矿物。从目前结束的钻孔观测，该层位岩芯普遍破碎，其地层厚度均属正常，是否在二$_3$、二$_4$煤层之间存在一大面积的层间滑动构造，有待进一步分析研究。

第五节　水文地质

一、工作量及质量

按设计要求对基岩进行了简易水文观测，消耗量观测381次，水位观测159次，均占应观测次数的100%。其冲洗液循环系统、观测系统和观测方法均为合格。

二、水文地质观测资料分析

据全孔泥浆消耗量统计，每小时漏失量在0～1.2m³，一般均在0.05m³以下。仅在孔深203.62m上石盒子组下段的细砂岩中消耗量最大，为每小时1.2m³。在主要含煤地段无大的漏失，均在0.05m³以下。

水位：在主要可采煤层（一₂、二₃、二₄）层段，水位在10m左右变化，水位下降差在0.03～0.033m之间，无大的异常。在上石盒子组孔深151.34～161.95m水位变化较大。下距二₄煤层167m左右，对其影响不大。

三、含水层与隔水层

仅将煤层较发育的山西组、太原组地层进行粗略的含、隔水层划分如下：

1. 二₃、二₄煤层顶板砂岩裂隙承压含水层（香炭砂岩）

岩性为灰色中细粒长石石英砂岩，厚9.44m。岩芯完整，下部可见1条裂隙，具方解石薄膜。混合水位10.28～10.69m。

2. 二₃、二₄煤层底板砂质泥岩隔水层

厚3.92m。岩性为深灰色泥岩、砂质泥岩。岩芯破碎，滑痕发育，为层间滑动，力学性质为压性，具有一定的隔水性能。混合水位10.94m。

3. 一₂煤层顶板灰岩岩溶裂隙承压水

岩性为石灰岩（L₂₊₃），厚5.52m，泥质成分含量较高，未发现溶孔、洞，岩芯完整。仅在L₃灰岩可见极小裂隙，且充填菱铁质，混合水位10.84m。

4. 一₂煤层底板泥岩隔水层

以本溪组铝质泥岩为主，厚7.28m，岩芯较完整，具滑动面。混合水位11.20m。

5. 奥陶系灰岩岩溶裂隙承压水

岩性为灰色泥晶灰岩，钻孔揭露厚度9.95m，据区域资料，该组厚304m（马家沟组）。岩芯完整，致密，坚硬，裂隙充填方解石脉，混合水位11.35m。

四、煤层顶、底板工程地质特征

一₂煤层直接顶板为L₂石灰岩，厚3.62m，岩芯完整，致密坚硬，具较高的抗压强度，直接底板为L₁石灰岩，厚1.57m，致密坚硬。

二₃煤层直接顶板为深灰色泥岩、砂质泥岩，岩芯破碎，滑痕发育，抗压强度弱，在开采过程中易垮落，会给生产造成较大困难。直接底板为砂质泥岩，厚3.61m，上部叶片状，下部块状。

二₄煤层伪顶为泥岩（0.21m）、粉砂质泥岩（0.18m），老顶为中细粒砂岩（香炭砂岩），厚9.44m。岩芯完整，具有一定的抗压强度。伪顶岩层裂隙发育，并与老顶砂岩呈明显结构面，具有随采随垮落的可能性。老底泥岩即为二₃煤层直接顶板，岩芯极破碎。

第六节　其他有益矿产

一、A层铝土

位于下石盒子组底部，深度268.81～270.31m，厚1.50m，岩性为灰色块状铝土质泥岩，含紫斑，高岭石含量较高，具星散状小鲕粒。已送样化验。

二、G层铝土

位于本溪组中部，埋藏403.00～404.70m，厚1.70m，岩性为灰白色，铝质成分较高，含豆粒及大量黄铁矿结核。裂隙面具铁质侵染。

第七节　结　论

一、取得的地质效果

（1）本孔达到了设计要求，质量为甲级。

（2）通过取芯钻进、地球物理测井以及岩层对比，查明了本孔的地层层序。

（3）查明了本孔各层段的含煤情况，确定了可采煤层的厚度、结构以及埋藏深度。尤其是$二_3$、$二_4$煤层达到可采厚度，其质量均在合格以上，对本区浅部煤层发育情况及可采范围初步圈定起了重要作用。

（4）对$一_2$、$二_3$、$二_4$煤层及A层铝土矿样进行了系统取样化验。

（5）对解释F_{55}断层提供了依据。

（6）遵照本队有关规定编写了4201孔地质总结，对其地层构造煤层以及太原组、山西组的沉积环境、古生物化石等地质现象作了较详细的描述和分析。另外，通过系统的岩芯标本采集和镜下鉴定以及岩芯照相，为地质报告提供了丰富的第一性素材。

二、存在问题

（1）打煤质量差，$二_3$、$二_4$煤层打丢打薄，并补斜2次。

（2）岩芯鉴定还不同程度地存在着公式化、简单化问题。

（3）原始报表还存在涂改现象、字体潦草等问题。

（4）本孔地质总结由于时间短，水平有限，对一些地质现象认识不够，难免作出错误结论，请批评指正。

附件：4201孔P~1x~~O~2m~岩芯彩色照片

组	段	环境	岩 性 描 述
下石盒子组	P~1x~	浅水湖泊	**铝土质泥岩：** 灰色，含大量紫斑，含铝质及大量菱铁质鲕粒。已取样化验。
		边滩	*过渡接触* **砂质泥岩：** 灰色砂质含量较高。
		分流河道	*过渡接触* **细粒砂岩：** 灰色，局部可见交错层理，粒度由上到下变粗。
		决口扇	*冲刷接触* **细粒砂岩：** 灰色，含大量深灰色泥岩包体，扁平状，具一定排列方向。
		分流河道	*冲刷接触* **细粒砂岩：** 灰色，中部少含砂岩包体，下粗上细。
		河道间隙	*冲刷接触* **砂岩，砂质泥岩：** 深灰色，断口平坦。
		分流河道	*明显接触* **中粒砂岩：** 灰色，上部块状，下部见交错层理，含砂岩包体，粒度由上至下变粗。

组	段	环境	岩 性 描 述
下石盒子组P₁ₓ		分流河道	含砾粗砂岩： 　　灰色，含细砾及大量泥质细砾，与下伏地层呈明显的冲刷接触。
			▭ 冲刷接触
山西组	小 紫 泥 岩 段	泛滥平原	泥岩、砂质泥岩： 　　灰色、块状。
			▭ 过渡接触
		沼泽	砂岩： 　　深灰色，含大量植物化石碎片。
			▭ 明显接触
		支河流	细粒砂岩： 　　灰色。
			▭ 明显接触
		沼泽	泥岩：砂质泥岩： 　　深灰色，灰色，局部含大量植物化石碎片。
			▭ 过渡接触
		边滩	砂质泥岩，泥岩： 　　灰~深灰色。
			▭ 明显接触
P₁ₛₕ	香炭砂岩段	分流河道	中粒砂岩： 　　浅灰色，顶部含菱铁质。

组	段	环境	岩 性 描 述
山 西 组 P_{1sh}	香 炭 砂 岩 段	分 流 河 道	中粒砂岩，粗粒砂岩： 　　　灰色，含细砾及较多细小泥砾， 交错层理。
			—————— 冲刷接触
		分 流 河 道	细粒砂岩： 　　　灰色，交错层理发育。 中粒砂岩： 　　　灰色，交错层理发育。
			—————— 冲刷接触
		边 滩	细粒砂岩： 　　　灰色，波状及小型交错层理 发育。 泥质砂岩： 　　　深灰色，块状。
			—————— 过渡接触
		分 流 河 道	中粒砂岩： 　　　灰色，交错层理发育。
			—————— 冲刷接触
		泛 滥 平 原 （ 沼 泽 ）	泥岩，砂质泥岩： 　　　深灰色，含大量植物化石碎片， 夹粉砂岩薄层，具波状层理。

组	段	环境	岩 性 描 述
山西组	香炭砂岩组段 P₁ₛₕ	沼泽	泥岩，砂质泥岩： 深灰色，局部含大量植物化石碎片。
			───过渡接触───
		分支河道	细粒砂岩： 灰色。
			───冲刷接触───
		泛滥平原（沼泽）	泥岩： 深灰色，夹砂质泥岩薄层，含植物化石碎片。
			───过渡接触───
		分流河道	细粒砂岩： 灰色，交错层理较发育，局部夹深灰色泥岩包体，层面含炭质及白云母碎片。粒度上部较粗，中部较细，向下逐渐变粗，为中粒砂岩。

组	段	环境	岩 性 描 述
山 西 组	大 占 砂 岩 段	主河道	中粒砂岩： 　　　　灰色，块状。
			<div align="right">冲刷接触</div>
		泥炭沼泽	二₄煤层： 　　　　补斜厚：1.81=0.65（0.99）0.17m
			<div align="right">过渡接触</div>
		大沼泽	泥岩： 　　　　深灰色，含大量植物化石碎片。 岩芯破碎，滑痕发育，具大量白色 次生矿物。
			<div align="right">过渡接触</div>
		泥炭沼泽	二₃煤层： 　　　　厚0.93m。
			<div align="right">过渡接触</div>
	P₁sh	沼泽 泛滥平原	泥岩，砂质泥岩： 　　　　深灰色，含植物化石碎片，夹 细砂岩藻层，下部波状纹理发育， 层面含大量白云母碎片。
			<div align="right">过渡接触</div>
		支河道	细粒砂岩： 　　　　灰色，具交错层理，局部含大量 泥岩包体。

组	段	环境	岩 性 描 述
山西组 P_{1sh}	大占砂岩段	间湾	砂质泥岩： 　　深灰色，块状。　　明显接触
		河口砂坝	细粒砂岩： 　　灰色，交错层理发育，层面含大量白云母碎片及少量炭质藻膜，含菱铁矿结核。 细粒砂岩： 　　纹层发育，层面含大量白云母碎片及炭质薄膜。 含菱铁质泥岩角砾▶ 细粒砂岩： 　　灰色，具交错层理。

济源煤田下冶找煤区4201孔 339.00~34?
58
煤钵矿结核
59
济源煤田下冶找煤区4201孔 34?~35?
60

组	段	环境	岩 性 描 述
山西组	大占砂岩段	低洼砂坪	细粒砂岩: 灰色,波状层理发育,层面含大量白云母碎片及炭质膜,夹三层结核状白云岩薄层。下部含菱铁质结核。
		决口河口砂扇	**明显接触** 细粒砂岩: 灰色,块状,含大量角砾状泥岩包体,具一定排列方向,且含大量黄铁矿结核。
		河口坝	**冲刷充填** 中粒砂岩: 灰色,块状。
	二煤段	决口扇	**明显接触** 细粒砂岩: 灰色,块状,含大量黄铁矿结核及黑色泥岩包体。
P₁sh		泻湖	**冲刷充填** 泥岩: 灰黑色,含较多菱铁矿结核。
太原组 C₃t	上段		**过渡接触** 白云质灰岩(L₉): 灰色,薄层状。

· 51 ·

组	段	环境	岩 性 描 述
太 原 组 C3t	上 部 泥 岩 段	泻 泥 灰 岩 湖	泥岩: 　　灰黑色，块状，贝壳状断口，局部夹砂质泥岩薄层，含较多黄铁矿晶体，中下部含较多的腕足类化石。
		浅 海	石灰岩: 　　深灰色，含大量动物化石碎屑。含较多泥质。 ──── 过渡接触 ──── 石灰岩: 　　深灰色，含大量动物化石碎屑。下部含Zoophycos化石。

组	段	环境	岩 性 描 述
太原组	上段	潮坪	泥岩，砂质泥岩： 　　深灰色，中部波状透镜状层理。 　　　　　　　　　　　　　明显接触
	中部湖石砂岩段	潮沟	中粒砂岩： 　　灰色，块状含细小泥砾。 　　　　　　　　　　　　　冲刷接触
		潮坪	砂质泥岩： 　　深灰色，具波状透镜状层理。 　　　　　　　　　　　　　过渡接触
		潮沟	中粒砂岩： 　　灰色，块状，上部含泥质细砾。 　　　　　　　　　　　　　冲刷接触
原组	下部灰岩含煤段	泻湖	泥岩： 　　灰黑色，含较多黄铁矿结核， 　　顶部含砂质。 　　　　　　　　　　　　　明显接触
		浅海	石灰岩： 　　灰色，含动物化石碎屑，少含 　　泥质碎屑。 　　　　　　　　　　　　　明显接触
		泻湖	泥岩： 　　深灰色，含黄铁矿结核。 　　　　　　　　　　　　　过渡接触
C_{3t}		浅海	石灰岩（L_2）： 　　深灰色，夹泥岩薄层。含痕迹 　　化石及大量动物碎屑。

组	段	环境	岩　性　描　述
太原组 C_{3t}	下部灰岩含煤段	泥岩坪	一₂煤： 　　　1.75=0.35(0.40)0.14(0.26)0.60m。
			过渡接触
		浅海	L₁石灰岩： 　　　深灰色，含大量动物碎屑。
			过渡接触
		泥炭坪	泥岩： 　　　深灰色。
			过渡接触
本溪组 C_{2b}		泻湖	铝土质泥岩： 　　　灰色，含铝质，含大量黄铁矿结核。下部深灰色及灰色，滑痕面具白色次生矿物。
			假整合接触
马家沟组 O_{2m}		海相	石灰岩： 　　　灰色，厚层状。

Ⅱ 济源煤田下冶找煤区官洗沟本溪组~下石盒子组实测地层剖面

剖面简要说明

一、太原组（C_{3t}）

上起菱铁质泥岩（L_9）顶，下止一,煤层底，总厚39.48m，均为过渡接触，它由一套浅陆表海及泻湖、海湾、潮坪沉积岩相组成，现从下到上分段简述如下：

（一）下部灰岩含煤段

本段总厚13.85m，其中灰岩6层（照片24），厚0.32~5.10m，总厚9.21m，占66.5%，本段灰岩的层数、厚度等在横向上变化较大，其北部下剖面无下段沉积，向东层数变少，厚度变小，据岩性、岩相、沉积构造及古生物化石组合特征初步分析为泻湖、海湾沉积相特征。此外，L_2灰岩具风暴天气沉积特征。泥岩、砂质泥岩厚3.87m，占27.9%，为潮坪和泥坪沉积特征。本段共含7层煤，厚0.02~0.28m，总厚0.77m，占5.6%，其特征是：厚度小、结构复杂、硫分高、横向变化大、沿走向变薄或尖灭。煤层顶底板多为石灰岩，夹泥岩薄层，呈叶片状。其煤层的发育程度主要受频繁的海侵、海退及潮汐作用的严格控制。据附近的生产小窑观测，开采的一,煤层分上下两层，分别厚0.5m左右，中部夹0.5~1.5m的石灰岩（L_1），呈透镜体，煤层时常分叉合并，极不稳定。煤层直接顶底板均为石灰岩。

（二）中部碎屑岩段

本段厚8.80m，其中砂岩5层，厚4.80m，占54.5%，其他均为泥岩、砂质泥岩，砂岩为长石石英砂岩，横向上厚度变化悬殊（照片19~23）交错层理，冲洗交错层较发育。分析认为砂坪或砂坝，泥岩、砂质泥岩多为潮坪相。

（三）上部灰岩段

本段厚16.83m，底部含2层是灰岩，分别厚2.00m和0.06m。砂质泥岩，泥岩厚8.93m，夹细砂岩一层，厚1.20m，顶部0.10m的菱铁质泥岩与山西组分界，本段底部灰岩为浅海相，向上过渡为泻湖及潮坪环境，并由多相旋回组成。

二、山西组（P_{1sh}）

本组总厚73.28m，主要由砂岩（大占、香炭）组成，厚54.07m，占73.9%，泥岩、砂质泥岩厚19.21m，中部仅夹0.02m(二,)的煤线。本组为一套下三角洲沉积岩系。

（一）二,煤段

厚6.40m，均由泥岩、砂质泥岩组成，透镜状、波状层理发育，具潮坪沉积特征。二,煤层赋存在本段上部，据本剖面和已掌握的资料分析，二,煤层在本段不发育，其底部为覆水潮坪，受到潮汐的严格控制，难以形成大面积可采煤层。此外还受到上覆地层（大占砂岩）分流河道、决口扇的冲刷或改造。

（二）大占砂岩段

本段厚55.12m，其中砂岩厚44.07m，占80%，其底部5m左右，含大量泥质包体（照片15~照片18），具决口扇沉积特征，在横向上可与4201等孔对比，与下伏地层呈冲刷充填接触（照片17），中下部具河口坝沉积特征。上部粒度变细，透镜状砂体发育（照片13、照片14），厚度及岩性在横向上变化较大，具分流河道、边滩、泛滥盆地沉积特征。顶部为二,煤层位（照片8），其底板为深灰色泥岩，含大量植物化石碎片，为沼泽相，上部为香炭砂岩，分流河道相。二3、二4煤层由于受到成煤前后的分流河道频繁改道，成煤环境极不稳定，因此难以形成大面积可采煤层。

（三）香炭砂岩段

主要由砂岩组成，砂体在剖面上呈透镜状（照片2），厚度极不稳定，时常变薄或尖灭。板状交错层理发育，与下伏地层呈冲刷接触，为分流河道沉积特征。

其他不再叙述。

下石盒子组（P₁ₓ）三煤段下部：

72.中粒砂岩（分流河道）

厚5.00m，浅灰色~绿灰色，岩屑、长石石英杂砂岩、硅泥质胶结，分选差，交错层理发育，砂体呈透镜状，与下伏地层呈冲刷接触。

71.砂质泥岩（泛滥盆地）

厚3.10m，灰~绿灰色，块状，含铝质、含铁质结核，局部夹细砂岩透镜体。

70.含铝泥岩（浅水湖泊）

厚0.30m，灰~绿灰色，均匀层理，含丰富的菱铁质鲕粒，粒径一般在1mm左右。

69.砂质泥岩（泛滥盆地）

厚6.00m，灰绿色，具紫斑，下部含鲕粒，夹细砂岩薄层。

68.细粒砂岩（边滩）

厚3.10m，灰绿色，中厚层状泥质胶结，夹数层厚0.20m左右的砂质泥岩，具波状层理。

67.中粒砂岩（分流河道）

厚4.60m，浅灰色，长石石英砂岩，厚层状，含暗色矿物及岩屑，泥质胶结，分选差，含少量菱铁质结核，具板状交错层理，纹层厚1cm左右，呈透镜状。局部含粗粒，底部含岩屑细砾，含泥质包体，粒度由下而上变细，与下伏岩层为冲刷接触。

66.砂质泥岩（边滩）

厚1.00m，绿灰色，含白云母碎片，具波状层理。

65.砂岩与泥岩互层（天然堤）

厚3.20m，绿灰色~灰色，细粒砂岩厚0.03~0.22m，一般为0.10m，具波状纹理及小型交错层理，纹层厚2mm左右。砂质泥岩厚度较薄，为0.02~0.05m，一般为0.03m，含少量植物化石碎片。砂岩底面可见泥裂印模，以及层面可见较多痕迹化石。本层西厚东薄至尖灭。

照片1：A层铝土、砂锅窑砂岩、小紫泥岩段

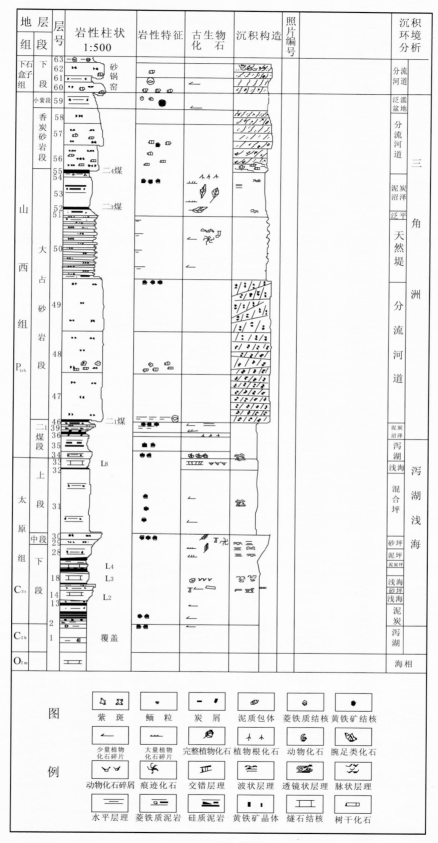

图1 济源煤田下冶找煤区官洗沟实测地层柱状图

64.中粒砂岩（分段河道）

厚5.10m，绿灰色，厚层状，上部中厚层状，长石石英岩屑杂砂岩，含铁质结核，硅泥质胶结，底部含大量泥岩包体，具大型板状交错层理，纹层厚1~2cm，上部夹0.20m厚的灰色砂质泥岩薄层，砂岩在横向上呈透镜状，厚度变化较大。与下伏底层呈冲刷接触。

63.泥岩（泛滥盆地）

厚1.80m，灰~深灰色，上部含丰富的植物化石碎片，夹0.05m的黑色泥岩薄层，局部含小鲕粒，含菱铁质结核。

62.砂质泥岩

厚4.30m，绿灰色、灰色，均匀层理。

61.细粒砂岩（分流河道）

厚2.50m，绿灰色、灰色，长石石英砂岩，硅泥质胶结，板状交错层理发育，中部含丰富泥岩包体，砂岩呈透镜状，厚度变化较大，延伸30m尖灭。

60.中粒砂岩（分流河道）

厚2.50m，浅灰色~绿灰色，长石石英杂砂岩，菱角状，分选中等，硅泥质胶结，发育交错层理，层系厚0.20m，纹层厚0.01~0.02m，一般0.015m左右，砂体呈透镜状，延伸24m尖灭，最厚达3.50m，上部含丰富的硅化木，其长轴方向为SE及NE，以SE为主。与下伏岩层呈冲刷接触。

下石盒子组（P_{1x}）

山西组（P_{1sh}）

59.砂质泥岩（泛滥盆地）

厚3.80m，深灰~绿灰色，均匀层理，含白云母片及菱铁质鲕粒，上部夹0.20m的细砂岩透镜体，一般延伸5.00m左右尖灭，含泥岩包体，硅质结核，可见痕迹化石。

58.中粒砂岩（分流河道）

厚5.00m，灰~绿灰色，中厚层状，砂体在横向上厚度变化较大，时常尖灭（照片2），岩性为长石石英杂砂岩，分选中等，泥硅质胶结，具槽状交错层理（照片3）及板状交错层理，层系厚0.13m左右，间叶片状泥岩，砂岩中含泥岩包体及铁质，含化石（照片4、照片5）。与下伏地层呈冲刷接触，底部含大量硅化石（照片6、照片7）。

照片2：香炭砂岩厚度在横向上变化较大（分流河道）

照片3：槽状交错层理

照片4：香炭砂岩

照片5：香炭砂岩

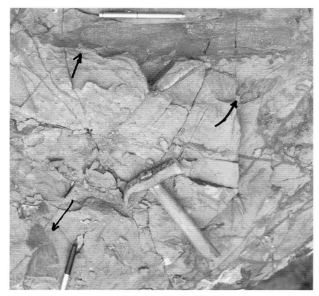

照片6：植物化石

照片7：硅化木

57.泥岩（沼泽）

厚0.15m，深灰色，薄层状及叶片状，含白云母碎片和植物化石碎片，夹细砂岩透镜体，含大量硅化木，分布杂乱无章（照片8）。

56.煤（二4煤）

厚0.02m，黑色，粉末状，横向上延伸2~3m尖灭。

照片8：泥岩中夹细砂岩包体含大量硅化木

55.泥岩（沼泽）

厚1.80m，深灰色，页片状，含丰富的植物化石碎片，顶部含丰富的植物根化石。

54.粉砂岩（泛滥盆地）

厚0.80m，灰色，薄层状，含白云母碎片，波状纹理，含丰富的植物化石碎片。

53.细粒砂岩（分流河道~天然堤）

厚5.00m，灰色，中厚层状，长石石英杂砂岩，硅泥质胶结，分选中等，具板状交错层理，砂岩厚度极不稳定。与下伏地层呈冲刷接触。在3801孔附近（照片10）为砂泥岩互层，层面可见较多水平状虫孔潜穴（照片9、照片12），砂岩底面具泥裂印模（照片11）。

照片9：水平状虫孔潜穴

照片10：天然堤

52.泥岩（沼泽）

厚1.50m，深灰色，叶片状，含丰富的植物化石碎片，顶部更丰富。

51.砂质泥岩（边滩）

厚3.00m，深灰色，叶片状，含白云母片及另铁质结核，含丰富的植物化石及树干化石，树干最大直径为3.5cm，杂乱无章，夹多层粉砂岩薄层，在剖面上呈透镜状产出。

50.细粒砂岩（分流河道）

厚7.50m，灰~绿灰色，长石石英杂砂岩，分选中等，硅泥质胶结，板状交错层理极为发育，砂体呈透镜状产出（照片13、照片14），夹9层厚0.05~0.20m的泥岩薄层。

照片11：小型泥裂

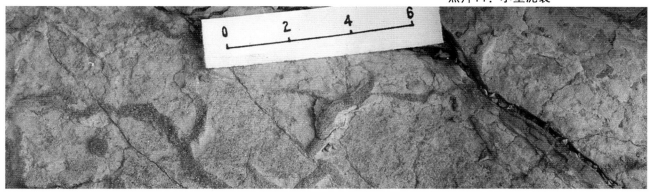

照片12：香炭砂岩下部之砂泥岩互层中的虫孔痕迹化石（天然堤）

照片13：大占砂岩上部

照片14：大型板状交错层理，砂体呈透镜状（分流河道）

49.细粒砂岩（河口坝）

厚16.50m，灰色，厚层状，长石石英岩屑杂砂岩，层理面含丰富的白云母碎片，硅泥质胶结，板状交错层理发育，上部粒度逐渐变细，含较多黄铁矿结核，顶部具波状层理。

48.砂质泥岩（混合坪）

厚0.50m，灰色，夹细砂岩薄层，呈互层状，砂岩中含少量白云母碎片。

47.细粒砂岩（河口坝）

灰色，中厚层状，成分主要为长石石英及岩屑，硅泥质胶结，含丰富的白云母碎片，底部块状含打泥岩包体，具板状交层理。

46.大占砂岩（决口扇、河口坝）

厚11.50m，位于山西组下部（照片15），灰色，中粒，成分主要为石英长石，含暗色矿物及白云母碎片，硅泥质胶结，含大量的黄铁矿结核，具大型的板状交错层理，砂体呈透镜状，横向上有较大变化。

底部2.50m含丰富的泥岩包体和煤包体（照片16）及较多黄铁矿结核，均匀层理，局部夹透镜状砂体，向北含大量泥岩包体，增厚至6m以上。

中上部夹叶片状泥岩、砂质泥岩薄层，其中含丰富的白云母碎片。与下伏地层（泥岩）呈冲刷充填接触关系。

照片15：大占砂岩段

照片16：大占砂岩底部含煤包体（冲刷）

照片17：透镜状层理（潮坪沉积）

照片18："U"型虫孔痕迹化石（潮坪沉积）

45.泥岩（潮坪）

厚3.60m，深灰色，叶片状，含星点状白云母碎片，含黄铁矿结核，波状、透镜状层理发育。

44.砂质泥岩（混合坪）

厚0.30m，深灰色，薄层状。

43.泥岩（泥坪）

厚2.50m，深灰色，叶片状。

山西组 P_{1sh}

太原组 P_{1sh}

42.菱铁质泥岩（泻湖）

厚0.10m，深灰色，致密坚硬，性脆，具不规则的方解石脉。

41.泥岩（泥坪）

厚0.50m，深灰色，薄层状。

40.细粒砂岩（砂坪）

厚1.20m，灰色，中厚层状，成分主要为石英，含长石岩屑，少量暗色矿物，均匀层理。与下伏地层呈明显接触。

39.泥岩（泥坪）

厚2.00m，深灰色，薄层状，含丰富的植物化石碎片，上部含砂质及白云母碎片。

38.泥岩（泻湖）

厚6.30m，深灰色，叶片状，含丰富的黄铁矿结核，底部含腕足类化石。

37.石灰岩（泻湖相）

厚0.06m，深灰色，呈透镜状产出，走向上尖灭，泥质含量较高，含丰富的动物化石碎片及较完整的腕足类化石。

36.砂质泥岩（泻湖相）

厚0.13m，深灰色，薄层状，波状纹理发育，上部砂质含量高，含丰富的腕足类化石。

35.石灰岩（浅海相）

厚2.00m，深灰色，厚层状，含丰富的蜓类、海百合茎、苔藓虫、腕足类、珊瑚等动物化石及其碎片，化石个体较大，具水平状（动藻迹）Zoophycos，含铁质结核。

34.煤（泥炭坪）

厚0.05m，黑色，风化为粉沫状，其底板为薄层炭质泥岩，含丰富的植物根化石。

33.泥岩（泥坪）

厚2.50m，深灰色，叶片状，含丰富的植物化石及碎片，夹煤线，上部含丰富的植物根化石，顶部为0.10m的炭质泥岩。

32.中粒砂岩（砂坪）

厚1.25m，灰色，中厚层状，成分以石英、长石为主，次为岩屑，含白云母片，硅泥质胶结，风化疏松，具交错层理。向上粒度变细，成分成熟度较高，含铁质结核。与下伏地层呈明显接触。

31.泥岩（泥坪）

厚1.00m，深灰色，叶片状，含铁质结核和植物化石碎片。

30.中粒砂岩（砂坪）

厚1.65m，灰色，长石石英杂砂岩，厚层状，具大型板状交错层理（照片19、照片20），纹层厚1.5cm左右，倾角小于5°，层系厚7~10cm，底部为波状层理，含铁质结核，向上粒度变细，砂岩在走向上变化较大，呈透镜状。局部夹0.5cm薄层泥岩，呈片状。与下伏地层呈明显接触关系（照片21~照片23）。

照片19：太原组中段胡石砂岩

照片20：胡石砂岩夹泥岩薄层

照片21：太原组中段胡石砂岩与下伏地层呈明显接触

照片22：胡石砂岩在走向上变为砂泥岩互层

照片23：胡石砂岩

29.细粒砂岩（砂坪）

厚0.15m，灰色，薄层状，波状纹理发育，纹层厚2mm左右。

28.泥岩（泥坪）

厚0.90m，深灰色，叶片状，含丰富的植物化石碎片，含0.5~1.5cm的串珠状铁质结核，顶部含砂质。

27.中粒砂岩（砂岩）

厚0.65m，灰色，为长石石英杂砂岩，具大型缓倾角交错层理，纹层厚0.4~0.7cm，粒度向上逐渐变粗。

26.细粒砂岩（砂坪）

厚1.10m，灰色，成分以石英为主，岩屑含量较高，局部含白云母碎片及植物化石碎片，具板状交错层理，纹层厚0.3~2.5cm,一般1cm左右，纹层倾角小于7°。

25.泥岩（泻湖相）

厚2.10m，生灰色~灰色，均匀层理，含黄铁矿结核。

24.石灰岩（泻湖相）

厚0.65m，深灰色，中厚层状，含较多的腕足类、苔藓虫、海百合茎等动物化石及碎片，含Zoophycos（动藻迹），沿层面分布，本层厚度不稳定，呈透镜状产出（100m内尖灭）。

23.煤（泥炭坪）

厚0.05m，黑色，粉状。

22.泥岩（泥坪~泻湖相）

厚0.60m，黑灰色，上部含植物化石碎片，下部含动物化石碎片、钙质。

21.泥炭岩（泻湖相）

厚0.25m，深灰色，薄层状，含动物化石碎片。

20.灰岩（浅海：风暴天气、正常天气）

厚5.10m，深灰色，中厚层状~厚层状，含丰富的蜓类、腕足类、苔藓虫、珊瑚、海百合茎完整化石及碎片（照片25），其分布状态杂乱无章，发育丘状层理。含丰富的Zoophycos（动藻迹）化石（照片26），上部夹透镜状、串珠状燧石结核。顶部为薄层状石灰岩，泥质含量较高。

19.泥岩（泥坪）

厚0.20m，深灰色，薄层状，含丰富的植物化石碎片。

18.煤（泥炭坪）

厚0.20m，黑色，风化为粉末状。

照片24：太原组下部灰岩段

照片25：灰岩中含大量动物化石碎屑

17.石灰岩（泻湖~海湾）

厚0.32m，深灰色，含丰富的动物化石碎片，分布杂乱无章，下部夹0.05m的黑色泥岩，石灰岩呈透镜状产出，厚度变化大，沿走向尖灭。

照片26：Zoophycos（动藻迹）

照片27：太原组下部灰岩段

照片28：太原组下部灰岩丘状层理（风暴沉积）

16.煤（泥炭坪）

厚度及结构0.28=0.14（0.03）0.04（0.02）0.05m，黑色，风化为粉末状，夹矸为泥岩，厚度不稳定，变化较大。

15.石灰岩（浅海相）

厚1.60m，深灰色，厚层状，含丰富的蜓类、海百合茎、珊瑚等较完整化石，个体较大，具虫孔痕迹化石，可见长度0.2m，具丘状交错层理，底界面凸凹不平。

14.煤（泥炭坪）

厚0.05m，黑色，风化为粉末状，厚度不稳定，0.01~0.06m。

13.泥岩（泥坪）

厚0.10m，深灰色，薄层状，含丰富的植物化石碎片。

12.石灰岩（泻湖~海湾）

厚0.84m，深灰色，中厚层状，含丰富的蜓类、山花、海百合茎、苔藓虫、腕足类化石及碎片，其厚度在横向上变化较大。

11.泥岩（泻湖）

厚0.02m，深灰色，含黄铁矿，风化后为灰黄色。

10.煤（泥炭坪）

厚0.08m，黑色，风化为粉末状。

9.泥岩（泥坪）

厚0.05m，深灰色，薄层状，含植物化石碎片，中部夹0.01m的炭质泥岩，顶部较致密。

8.石灰岩（浅海~风暴天气）

厚0.70m，深灰色，中厚层状，含丰富的动物化石碎片，排列杂乱无章，中下部含丰富的较完整的海百合茎、蜓类化石、个体较大。具丘状交错层理。

7.泥岩（泥坪）

厚0.45m，灰黑色，含黄铁矿，风化后呈黄色，含丰富的植物化石碎片。

6.煤（泥炭坪）

厚0.02m，黑色，风化后呈粉末状。

5.泥岩（泥坪）

厚0.10m，深灰色，叶片状，含植物化石碎片。

4.煤（泥炭坪）

厚0.09=0.03（0.04）0.02m，黑色，风化后呈粉末状。

太原组 C_{3t}

本溪组 C_{3b}

3.铝质泥岩（泻湖）

厚4.30m，灰色，均匀层理，比较致密，具含鲕粒及豆粒结构，局部夹叶片状铝质泥岩，裂隙发育，被铁质侵染。含较多黄铁矿结核。

2.风化壳

厚3.20m，杂色，铁质侵染为主，岩性混杂，含石灰岩团块、铝质岩等。

本溪组 C_{2b}

- - - - - - - - - - - - - - - - -

奥陶系 O_{2m}

1.石灰岩（海相）

大于50m，灰~深灰色，含白云质。在下冶寺附近地质剖面可明显看到太原组中部胡石砂岩与下伏奥陶系灰岩直接接触，见照片29。

照片29：太原组中部胡石砂岩与下伏奥陶系灰岩直接接触

Ⅲ 济源煤田邵源找煤区瑶头
本溪组~下石盒子组实测地层剖面

下石盒子组：

61.铝土质泥岩（浅水湖泊）

大于5m，浅灰色，含大量紫斑，富含菱铁质鲕粒，均匀层理，俗称A层铝土（图1）。

60.中粒砂岩（分流河道）

厚2.80m，灰黄绿色，厚层状、槽状、板状层理发育，含少量浅灰色泥质包体，与下伏地层呈冲刷接触（砂锅窑砂岩）。

59.砂质泥岩（边滩）

厚1.20m，浅黄灰色，薄层状，夹细砂岩薄层，含植物化石碎屑，含少量菱铁质结核，与下伏地层呈明显接触。

58.中粒砂岩（分流河道）

厚2.00m，浅绿灰色，中厚层状，含较多的砂质泥岩包体，交错层理发育（照片1），厚度在横向上变化比较大，与下伏地层呈冲刷接触，层系界面凸凹不平，夹泥质包体，具明显冲刷现象（照片1）。

照片1：大型板状交错层理，层系呈明显冲刷接触

57.砂质泥岩（泛滥盆地）

厚3.30m，浅绿色，薄层状，下部含少量植物化石碎片，上部含少量鲕粒，粒径小于3mm，局部可见铁质结核（3~15cm），与下伏地层呈过渡关系。

56.细粒砂岩（分流河道）

厚3.00m，浅绿灰色，中厚~薄层状，夹粉砂岩及砂质泥岩薄层。具板状交错层理，与下伏地层呈过渡关系。

55.中粒砂岩（分流河道）

厚4.40m，灰色，长石石英砂岩，上部具大型板状、槽状交错层理，计由9个层系组成，含少量浅灰色泥质包体，底部含少量铁质结核，砂体呈透镜体，厚度变化较大，与下伏地层呈冲刷接触。

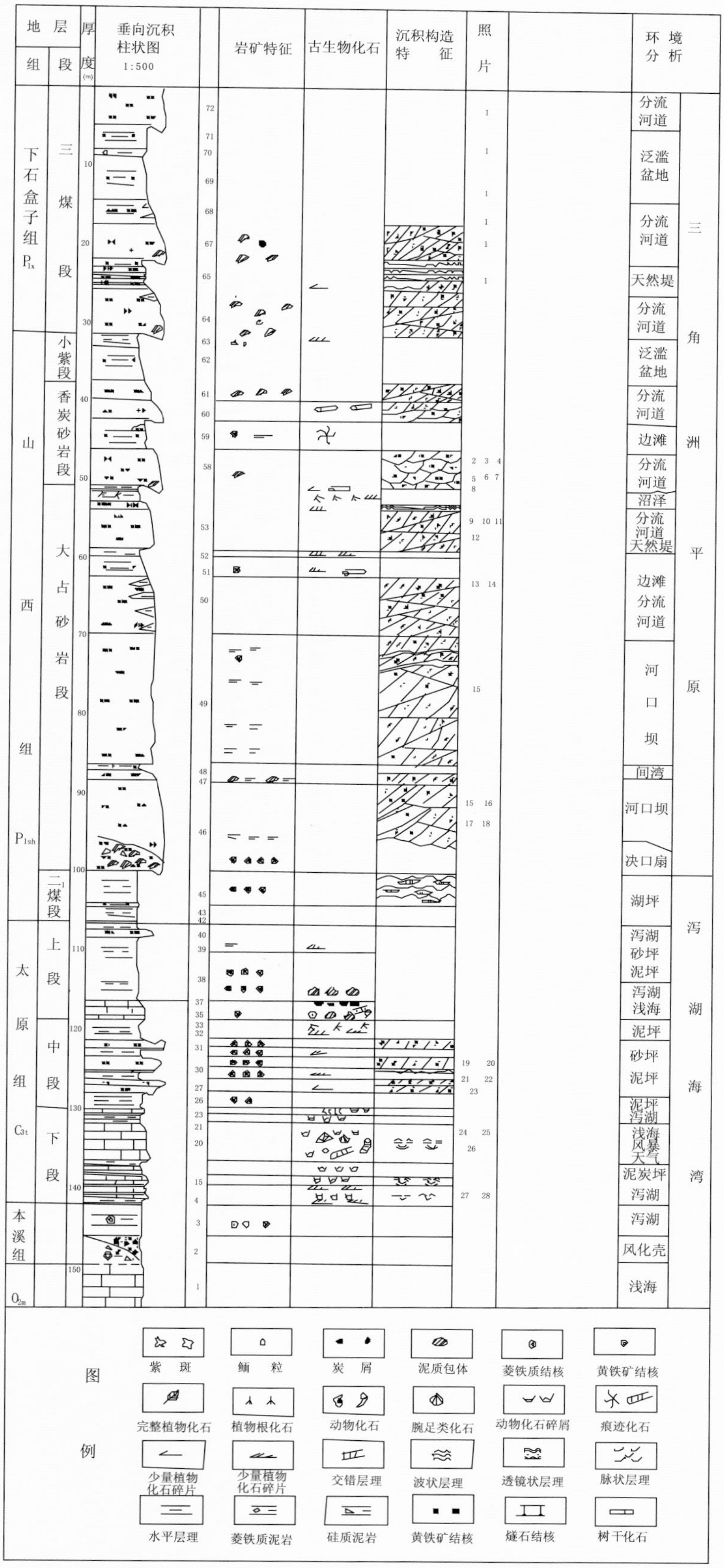

图1：济源煤田邵源找煤区瑶头实测地层柱状图

54.细粒砂岩（香炭砂岩）（分流河道）

厚6.40m，绿灰色，长石石英砂岩，薄~中厚层状，含大量浅灰色泥质包体（照片3），均匀层理及交错层理（照片2），与下伏二₄煤层呈明显的冲刷接触关系。砂体呈透镜状，厚度变化较大。

照片2：大型板状交错层理
（分流河道）

照片3：砂岩、泥岩角砾
（分流河道决口扇）

53.煤（二₄煤）（泥炭沼泽）

厚0.50m，黑色，半覆盖，横向上厚度变化较大。

52.泥岩（沼泽）

厚1.00m，深灰色，含大量植物根化石及叶部化石。

51.砂质泥岩（沼泽）

厚6.50m，灰色，含大量植物化石碎片，柯达、轮叶化石保存完整，顶底含较多铁质结核，具波状及水平纹理，透镜状层理（中部发育，上、下部较发育）。与下伏地层呈过渡接触关系。

50.二₃煤（泥炭沼泽）

厚0.15m，黑色，半掩盖。

49.砂质泥岩（沼泽）

厚1.30m，绿灰色，叶片状，层面含较多白云母碎片，植物化石碎片往上含量增多，顶底具生物根化石。

48.砂、泥岩互层（天然堤）

厚13.3m，砂岩为灰色，细粒，共计60余层（照片4），分层厚2~25cm，一般10cm，具波状层理，层面具波痕（照片5）及生物潜穴痕迹化石（照片6）。砂质泥岩、泥岩的厚度较小，为灰色，块状及片状，含较多白云母片，可见植物化石碎片。

47.中粒砂岩

厚11.0m，灰色，长石石英砂岩，顶部层系面含大量铁质结核（照片7），全层板状交错层理发育，局部夹砂质泥岩薄层。具平行层理，砂体均呈透镜体产出。

照片5：砂岩层面之波痕

照片4：砂、泥岩互层（天然堤）

照片6：生物潜穴痕迹化石

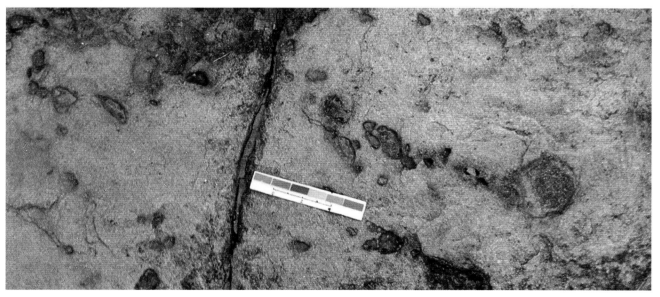

照片7：大占砂岩层面含大量铁质结核

46.中粒砂岩（分流河道）

厚8.70m,灰白色，长石石英砂岩，岩屑含量较高，厚~巨厚层状，下部及顶部含大量泥岩包体及砂岩角砾，并含菱铁质泥岩结核（照片8~照片11），层系厚度变化较大，呈透镜体产出，层系之间多为冲刷接触。

照片8：泥岩角砾，菱铁质泥岩包体（决口扇）

照片9：大占砂岩中部大型板状交错层理

照片10：大占砂岩中部大型板状交错层理

照片11：大型板状交错层理

45.中粒砂岩（河口坝~分流河道）

厚9.90m，位于大占砂岩段下部（照片12），岩性为灰~浅灰色，长石石英砂岩，含菱铁质结核，一般10cm，局部成层出现，夹细砂岩薄层，底部层面含白云母碎片（照片17），全层板状交错层理发育（照片19、照片20）。砂体呈透镜状产出，层系厚度变化较大（照片12）。与下伏地层（二₁煤段地层）呈明显冲刷接触（照片14~照片16）。

照片12：大占砂岩下部岩层

照片13：大占砂岩与下伏二₁煤段地层呈明显冲刷接触（缺失二₁煤层）

照片14：大占砂岩与二₁煤段呈冲刷接触

照片14：大占砂岩与二$_1$煤段呈冲刷接触

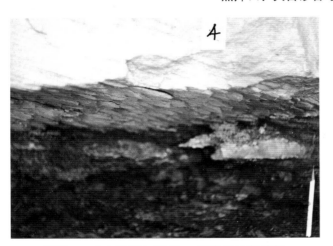

照片15：大占砂岩与下伏二$_1$煤段呈冲刷接触

照片16：大占砂岩与下伏二$_1$煤段呈冲刷接触

照片17：大占砂岩底部含大量白云母片

照片18：板状交错层理

照片19：板状交错层理，泥岩包体，层系呈冲刷接触

照片20：板状交错层理，泥岩包体（分流河道）

44.二₁煤（泥炭沼泽）

厚0.10m，深灰色，风化严重，以亮煤为主，中部夹5mm的泥岩夹层，与下伏地层过渡接触（照片22）。

照片21：山西组下部二₁煤段地层

照片22：二₁煤层位

43.泥岩（沼泽）

厚0.06m，深灰色，具波状层理，可见少量植物化石碎片。与下伏地层过渡接触（照片21）。硫分含量高，风化后呈黄色（照片22）。

42.砂质泥岩（混合坪）

厚0.10m，深灰色，波状及透镜状层理发育，含丰富的植物化石碎片，层面富含炭屑及少量白云母碎片，该层厚度在横向上变化较大，与下伏地层呈过渡接触（照片21）。

41.粉砂岩（混合坪）

厚0.30m，灰色，波状及透镜状层理发育，含植物躯干化石，下部富含铁质，致密坚硬，与下伏地层呈过渡关系（照片21）。

地层产状：25°∠18°。

40.砂质泥岩（混合坪）

厚0.30m，深灰色，含植物化石碎片，波状及透镜状层理发育。

39.细粒砂岩（砂坪）

厚0.45m，灰色，石英砂岩，具波状层理及均匀层理，硅质胶结，含铁质结核泥质包体，层间夹有泥岩及砂质泥岩薄层，且富含白云母碎片顺层面展布。向上粒度变细，与下伏地层呈过渡关系（照片21）。

38.砂质泥岩（混合坪）

厚0.65m，深灰色，波状及透镜状层理发育，可见生物潜穴痕迹化石，夹2cm的细砂岩薄层。层面富含较多白云母碎片。含植物化石碎片。

山西组 P_{1sh}

太原组 C_{3t}

37.菱铁质泥岩（泻湖）

厚0.20m，深灰色，比重大，致密坚硬，性脆，与下伏地层呈过渡接触（照片21）。

36.炭质泥岩（泥炭坪）

厚0.07m，深灰色，略显波状层理，含亮煤条带，含较多柯达植物化石碎片。

35.煤（泥炭坪）

厚0.18m，黑色，半暗型，以暗煤为主，夹镜煤及亮煤条带，黄铁矿含量较高，煤中可见炭化植物化石碎片。

34.根土岩（沼泽）

厚0.50m，灰~浅灰色，均匀层理，含大量植物根化石，与下伏地层呈过渡关系。

33.泥岩（泻湖）

厚3.50m，深灰色，均匀及片状层理，含较多铁质结核（同生），向上含砂质，并夹有薄层砂质泥岩。与下伏地层呈过渡关系。部分切穿层理，部分为层理包围，呈串珠状。

32.砂质泥岩（泻湖）

厚1.75m，深灰色，均匀层理、较硬，含大量腕足类化石（照片23），局部可见波状及透镜状层理，化石纹丝清晰，保存较完整，岩石遇稀盐酸起泡较剧烈，含铁质结核，呈椭圆形串珠状产出（照片24），直径可达10cm。与下伏地层呈过渡关系。

照片23：腕足类化石

照片24：铁质结核（泻湖相）

31.生物屑石灰岩（L₈）（浅海）

厚2.00m，深灰色，含大量蜓、腕足类、珊瑚、海百合茎、苔藓虫等动物化石碎屑，含Zoophycos（动藻迹）痕迹化石（照片25、照片26）。

照片25：Zoophycos（动藻迹）（剖面）

照片26：Zoophycos（动藻迹）（层面）

30.煤

厚0.30m，黑色。

29.砂质泥岩（混合坪）

厚13.5m，灰~深灰色，叶片状（照片27），含植物化石碎片，以水平纹理为主，小型透镜状层理发育，具波状层理。含黄铁矿结核。

照片27：太原组上段砂质泥岩

28.中粒砂岩（胡石砂岩）（砂坪）

厚1.40m，灰白色，中厚层状石英砂岩（照片28），成熟硬度高，硅质胶结、坚硬，均匀层理及波状层理，顶部含较多铁质结核，下部夹数层2~5cm的砂质泥岩薄层，且含叶片化石，砂岩底面含痕迹化石。顶部粒度变粗，具波状层理。

27.细粒砂岩（潮渠~潮沟相）

厚1.30m，浅灰色，成分、结构成熟度较高，致密坚硬，具波状及水平层理，夹灰色砂质泥岩薄层。砂体呈透镜状，厚度不稳定（照片28）。

照片28：太原组中部砂岩段

26.砂质泥岩（混合坪）

厚0.80m，浅灰色，下部夹数层细砂岩薄层，间距约8cm。含大量叶部化石碎片，具水平纹理波状层理，与下伏地层呈过渡关系。

25.砂质泥岩（混合坪）

厚1.95m，灰色，具水平纹理，下部夹0.08m的粉砂岩薄层，含较多的植物化石碎片。

24.煤（泥炭坪）

厚0.47m，黑色，粉状半暗型，风化严重，与下伏地层呈过渡接触。

23.泥岩（沼泽）

厚0.75m，灰色，均匀层理，含大量植物叶部化石碎片。

22.石膏层（潮坪~蒸发岩）

厚0.007m，白色，纤维状，厚度不稳定，风化面含大量铁质，与下伏地层呈明显接触。

21.石灰岩（泻湖）

厚0.34m，灰色，含蜓类、海百合茎、珊瑚、腕足类，蜓类化石较完整，其他呈碎片状，杂乱无章，含苔藓虫。

20.炭质泥岩（泥炭沼泽）

厚0.03m，深灰色，具水平纹理，夹有2mm亮煤条带，风化后呈褐色。

19.煤（泥炭坪）

厚0.48m，以亮煤为主，条带状，下部夹有0.01m的泥岩夹矸，硫化物含量较高，风化后呈浅黄色。

18.石膏层（潮坪蒸发岩）

厚0.05m，白色，半透明，呈直立纤维状，厚度不稳定，在横向上有变薄或尖灭趋势。

17.泥质灰岩（泻湖）

厚0.08m，深灰色，遇稀盐酸剧烈起泡，含腕足类化石，底部含大量海百合茎化石。

16.生物碎屑、石灰岩

厚1.45m，深灰色，含大量蜓科化石，少量腕足类、海百合茎、苔藓虫等化石碎屑，底部发育4~5层丘状层理，层理之间夹片状泥岩，丘状层理两侧富集大量生物碎屑化石，杂乱无章。

15.煤（泥炭沼泽）

厚0.06m，黑色。

14.细粒砂岩（砂坪）

厚0.40m，灰色，石英细砂岩，坚硬，硅质胶结，顶部钙质胶结，遇稀盐酸剧烈起泡，中部具交错层理，砂体呈透镜状，顶、底部含少量植物躯干化石。

13.砂质泥岩（混合坪）

厚0.69m，深灰色，具波状、透镜状层理，含植物化石碎片，顶部具生物水平潜穴。

12.泥晶生物屑石灰岩（L_2）

厚2.27m，位于太原组下部（照片29），灰~深灰色，含大量蜓类，腕足化石，个体较大，直径4mm左右，此外含有较多海百合茎、苔藓虫等动物化石，上部含Zoophycos（动藻迹）痕迹化石（照片30），中部具数层丘状交错层理（照片31、照片32）。

照片29：太原组下部灰岩段（浅海相）

照片30：L$_2$石灰岩，含大量动物化石
含Zoophycos（动藻迹）（正常天气）

照片31：大量生物碎屑，丘状交错层理
（风暴天气）

照片32：丘状交错层理层面
（风暴天气）

11.砂质泥岩（泻湖~蒸发岩）

厚0.34m，深灰色，波状及透镜状层理，含20余层0.1~1.2cm石膏薄层（照片33）。岩石被铁质侵染呈褐色。

10.煤（泥炭坪）

厚0.35m，黑色，下部亮煤，上部暗煤。

9.铁质泥岩（泻湖）

厚0.02m，风化为浅红色，夹数层2mm的石膏薄层。

8.砂质泥岩（沼泽）

厚1.40m，深灰色，均匀层理，少含植物化石碎片，含较多黄铁矿，风化后显浅黄色。

7.煤（泥炭坪）

厚0.50=0.09（0.03）0.38m，黑色，条带状，以亮煤为主，含较多硫分。夹矸为深灰色泥岩。

6.菱铁质泥岩（泻湖）

厚0.20m，深灰色，具水平纹理，岩性致密坚硬，含植物化石碎片，裂隙发育且含石膏薄膜。

5.煤（泥炭坪）

厚0.05m，黑色，以亮煤为主，条带状（中部），顶部以亮煤为主，硫分含量较高。

4.菱铁质泥岩（泻湖）

厚0.20m，深灰色，致密坚硬，含黄铁矿结核，裂隙发育并含有石膏薄膜。

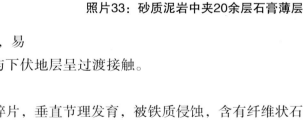

照片33：砂质泥岩中夹20余层石膏薄层

3.炭质泥岩（泥炭沼泽）

厚0.13m，灰黑色，条痕灰黑色，泥质结构，易碎，夹有透镜状亮煤条带及菱铁质泥岩条带，与下伏地层呈过渡接触。

2.菱铁质泥岩（泻湖）

厚0.85m，深灰色，致密坚硬，含植物化石碎片，垂直节理发育，被铁质侵蚀，含有纤维状石膏。

太原组 C_{3t}

太原组 C_{3t}

本溪组 C_{2b}

1.铝质泥岩（泻湖）

厚度大于0.70m，灰白色，均匀层理，泥质结构，含黄铁矿结核，顶部含植物化石碎片。

参 考 文 献

[1] 河南煤田地质公司.河南省晚古生代聚煤规律[M].武汉：中国地质大学出版社，1991.

[2] 杨起.河南禹县晚古生代沉积环境与聚煤规律[M].北京：地质出版社，1987.

[3] 刘宝君，等.岩相古地理基础和工作方法[M].北京：地质出版社，1985.

[4] 程宝洲.山西晚古生代沉积环境与聚煤规律[M].太原：山西科学技术出版社，1992.

[5] 煤炭科学研究院勘探分院，山西煤田地质公司.太原西山沉积环境[M].北京：煤炭工业出版社，1987.

[6] 陈忠慧.煤和含煤岩系的沉积环境[M].武汉：中国地质大学出版社，1988.

[7] 石建平，魏怀习.济源下冶区上石炭统沉积特征兼论中条古陆.中国煤田地质，1993，5（3）.